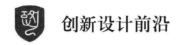

创新设计前沿

上海城市公共开放空间与休闲研究

车生泉 徐浩 李志刚 卫宏健 著

上海交通大学出版社
SHANGHAI JIAO TONG UNIVERSITY PRESS

内容提要

　　城市公共开放空间是市民日常生活、工作、学习之余接触最多的场所,也是决定城市宜居水平和城市形象、构建国际文化大都市的重要因素。本书在对国内外对公共开放空间相关研究、各国规划管理经验和典型案例整理的基础上,注重实证研究,自下而上地通过样地调研、调查问卷等方式研究了上海城市公共开放空间体系和休闲活动网络,在兼顾公平、高效、便捷等原则的基础上,分别就城市建成区、市域生态空间和政策支持体系提出了较具体的提升措施和优化建议。

　　本书适合风景园林、城市规划、建筑学等城市空间的研究者以及相关行业的专业技术人员和管理人员阅读参考。

图书在版编目(C I P)数据

　　上海城市公共开放空间与休闲研究 / 车生泉等著.
—上海:上海交通大学出版社,2019
　　ISBN 978 - 7 - 313 - 21311 - 2

　　Ⅰ.①上… Ⅱ.①车… Ⅲ.①城市空间-公共空间-研究-上海 Ⅳ.①TU984.251

　　中国版本图书馆 CIP 数据核字(2019)第 096463 号

上海城市公共开放空间与休闲研究

....

著　　者:车生泉　徐　浩　李志刚　卫宏健
出版发行:上海交通大学出版社　　　　　地　　址:上海市番禺路 951 号
邮政编码:200030　　　　　　　　　　　电　　话:021 - 64071208
印　　刷:常熟市大宏印刷有限公司　　　经　　销:全国新华书店
开　　本:710mm×1000mm　1/16　　　 印　　张:15.75
字　　数:231 千字
版　　次:2019 年 7 月第 1 版　　　　　 印　　次:2019 年 7 月第 1 次印刷
书　　号:ISBN 978 - 7 - 313 - 21311 - 2/TU
定　　价:68.00 元

前　言

　　城市公共开放空间是满足城市居民休闲活动的主要室外场所,在欧美等国家,公共开放空间是城市规划中一项重要内容,早在1877年,英国伦敦就制定了《大都市开放空间法》,美国凯文·林奇在《城市意象》一书中对公共开放空间的性质、功能和空间关系等进行了诠释,我国深圳市制定的《深圳城市规划标准与准则》对公共空间进行了界定。

　　上海市在新一轮的城市规划中加入了对城市公共开放空间和休闲网络体系的研究,通过借鉴国外先进国家的经验、结合上海的现状和发展需求,明确公共开放空间的概念、类型和功能等基本特征,找出城市公共开放空间和休闲网络体系的关系,发现上海公共开放空间与休闲需求的矛盾,建立上海城市公共开放空间的规划对策,以期为后续的城市总体规划和相关专项规划提供理论和技术支持。

　　本书在对国内外公共开放空间相关研究、各国规划管理经验和典型案例整理的基础上,注重实证研究,对上海8个代表性社区和市域开放空间进行实地调研,调研从空间和休闲两个方面进行,通过足量调查数据的比较分析,提出上海公共开放空间的特点、问题和相关对策;同时,对上海居民的休闲需求、满足状况、发展趋势和与公共开放空间的对应关系进行了分析。在此基础上,提出了上海城市公共开放空间优化提升策略与规划指引。

　　本书是作者在广泛吸收多年来国内外学者在城市公共开放空间的教学、科研和实践成果的基础上,结合作者的研究和实践的经验与积累编著而成。适用于风景园林、城市规划、建筑学等城市空间的研究者以及相关行业的专业技术人员和管理人员等阅读参考。本书的特点如下:

　　(1)系统全面。本书突破了既往研究中对城市公共开放空间单方面的倚重,全面构建了城市公共开放空间的系统分类。

(2)突出方法。本书注重理论和调查研究方法的结合,立足于城市公共开放空间调查与设计的应用性、操作性和实践指导性。

(3)注重实践。基于典型样地的调查,获得城市公共开放空间和居民休闲需求的直接数据,力求做到理论与实践相结合,突出实践应用价值,促进读者对理论知识和方法体系的理解与深化。

本书通过对城市公共开放空间及休闲活动相关概念的比对与分析,确立城市公共开放空间和公共开放空间休闲活动网络的内涵与范畴;分析与借鉴国内外公共开放空间规划建设案例,构建城市公共开放空间体系和休闲活动网络;通过样地调研、调查问卷等方式,分析上海市公共开放空间现状特征,提出公共开放空间规划建设的策略及引导。

本书得到了上海交通大学出版社的大力支持,书中部分案例得到了上海市规划和土地管理局、华东师范大学楼嘉军教授和上海交通大学汤晓敏教授的帮助,上海交通大学陈丹老师、于冰沁老师、阚丽艳老师,博士研究生郭健康、谢长坤,硕士研究生沈子欣、陈舒、张杨、陈子涵、臧洋飞、迟娇娇、南凯凯等参加了本书的部分研究方案制定、资料收集、现场调查、数据分析和图表绘制等方面的工作,在此表示诚挚的谢意!

由于本书是上海市规划和国土资源管理局"上海市城市总体规划(2040)战略议题工作之十一——《上海城市公共开放空间体系和休闲活动网络研究》"的阶段性研究成果,加之成书仓促,书中存在不足与错误,敬请读者批评指正。

作 者

2019 年 5 月

目　录

绪　　论

　　随着城市化建设的快速发展,城市公共开放空间作为城市居民公共休闲活动的主要场所,是市民日常生活、工作、学习之余接触最多的空间,深入研究城市公共开放空间体系和休闲活动网络对于合理规划设计公共开放空间,满足市民公共生活日常休闲活动的多样化需求等具有重要意义。

0.1　背景介绍

　　城市是人类活动高度集聚的区域,是人口和经济发展的核心。芝加哥学派认为:"城市决不只是一种与人类无关的外在物,也不只是住宅区的组合;相反,城市中包含着人类的本质特征,它是人类的通泛表现形式"。容纳着不同的人群及其多样的生活,城市空间是城市社会、经济、政治、文化等要素的运行载体,反映着城市系统中各种各样的相互关系和物质构成,并使各系统在一定地域范围内得到了统一。

　　城市空间主要包括各类建筑等内部空间和建筑外部公共开放空间。其中,城市公共开放空间便是容纳人类及其公共生活的主要空间,是满足城市居民休闲活动的主要场所,是市民日常生活、工作、学习之余接触最多的空间。"它是城市的舞台,是城市的客厅,是供城市呼吸的肺,它为城市带来了活力与色彩,为城市生活提供了多样化的可能性"。高品质公共开放空间的规划设计与建设对于满足市民公共生活日常休闲活动需求、优化城市自然生态环境意义重大,也是决定城市宜居水平和城市形象,构建国际文化大都市的重要因素。

　　在欧美等国家,公共开放空间规划设计早已成为城市规划的重要组成

部分。有关公共开放空间的研究起步较早,涉及面广、研究深入,取得了一系列成果。我国的城市公共开放空间研究及实践的发展尚处于初期阶段,相关理论和研究方法主要从宏观角度入手,以介绍和引进国外先进经验为主;较为细致、深入的研究则多以建成区或城市外围某一类型公共开放空间的调查与研究为主,从整体视角对具体城市公共开放空间体系及其规划设计的研究十分有限。

同时,随着城市的快速发展,我国出现了"人均生存空间减少,城市自然资源紧缺、环境恶化、城市公园绿地等公共开放空间衰退"等问题。上海作为中国最发达的城市之一,正处在优化发展的新时期,"经济的飞速增长给城市化带来了绝佳时机,但同时也带来了诸多的难题";城市的高速发展也大大刺激了市民休闲需求的上升,上海城市休闲化趋势已经初步呈现。《上海市城市总体规划(1999—2020)实施评估报告(简稿)》指出,上海城市公共开放空间规划建设实际已明显落后于城市经济发展与市民需求增长,在空间布局、空间质量以及相关研究成果方面较之国外大都市,有明显的不足。同时,《关于编制上海新一轮城市总体规划的指导意见》指出,市民幸福是上海城市发展的根本追求,而城市公共开放空间规划、建设对构建宜居上海,提升居民幸福感至关重要。

0.2　公共开放空间的概念辨析

空间是城市存在的基本形式,是城市各项经济活动在一定地域范围内的实施。综合相关研究发现,国内外学界对于"城市公共开放空间"的概念界定仍较为模糊。与"城市公共开放空间"较为接近的概念主要包括"城市公共空间"和"城市开放空间",但"城市公共开放空间"明显不同于后两者,之间既有交集又有区别。

0.2.1　相关概念

1) 城市空间

城市空间主要指在城市范围内,由建筑、道路、广场、绿化、水体、城市小品等界定、围合形成的空间,主要包括建筑物内外空间,亦包括地面、地上和地下空间。其在城市中不仅担负着城市的经济、政治、文化活动和各种各样的功能，还是城市生态和城市生活的重要载体。

法国城市政治经济学派创始人列斐伏尔用他的一句哲学话语深刻地揭示了空间的本质："空间从来就不是空洞的，它总是蕴含着某种意义。"从而得出了"城市空间本质上是一种产品"，其空间价值能否最大化发挥充分取决于其对人类需求的满足度。空间被人创造及利用，但同时又塑造着人们的观念及社会意识，刺激着人们去使用，并从而促成多样化的城市生活。

2）城市公共空间

公共空间的概念是与私有空间相对的，指空间所接纳的对象是公众，提供城市居民日常生活和社会生活公共使用的空间，如公园、都市商业性公共空间、公共性建筑物附属的公共空间、通道性公共空间如徒步区、林荫大道等。城市公共空间规划的目的在于创造富有特色、功能完备的环境，重点是公共绿地、广场、街道等空间的布局与设计。

为进一步明确公共空间的定义，可以从以下几个角度分别进行：

物质形态角度：一方面公共空间指城市建筑实体之间存在着的开放空间体，如道路、广场、公园绿地等，是市民进行各类公共交往，进行各类公共活动的开放性场所，基本涵盖了狭义的开放空间概念。另一方面也指以自然或半自然状态存在的开放空间，主要指市域范围内的自然或半自然的空间，是为市民提供休闲游憩活动的开放性场所。

使用者角度：公共空间指所提供的活动的公共性与广泛性，在城市规划领域内特指空间和场所的公共性，典型如各类各级公共中心。对于使用者而言，公共空间具有公共性，即不以市民职业、户籍等身份限制，任何身份的城市居民均可进入开展各类社会交往活动与休闲活动。

在实际规划与建设中，《深圳城市规划标准与准则》指出："公共空间是指具有一定规模、面向所有市民 24 小时免费开放并提供休闲活动设施的公共场所；一般指露天或有部分遮盖的室外空间，符合上述条件的建筑物内部公共大厅和通道也可作为公共空间。"

3）城市开放空间

开放空间有广义与狭义两种解释。广义方面，除各种可供人类生活其

中的建筑实体外,其相对的外部空间均可认为是开放空间,如山川、河流、广场、空地、庭院等;狭义方面,是指都市或其周边可供公众使用的非建筑实体空间,经由人们的使用或人为的塑造、设计,赋予特殊风格,同时具有休闲、游憩、运动、连通及美化都市等多种功能,且与我们生活息息相关的空间,如城市公园、广场、绿地等。

开放空间的概念最早出现于 1877 年英国伦敦制定的《大都市开放空间法》中。1906 年修编的《开放空间法》第 20 条将开放空间定义为:任何围合或是不围合的用地,其中没有建筑物,或者少于 1/20 的用地有建筑物,其余用地作为公园和娱乐场所,或堆放废弃物,或是不被利用的区域。该定义强调了开放空间的非建筑性及其娱乐功能。

美国 1961 年的《房屋法》将开放空间定义为:城市区域内任何未开发或基本未开发的土地。该定义强调了保护土地的自然和历史景观及开放空间作为公园的土地资源价值。

哈米德·肖瓦尼(美国)在《都市设计程序》一书中对开放空间的定义是:"所有都市地区的地景,硬性景观(道路、人行道等)、公园与休憩空间等均为开放空间;至于都市地区的闲置土地(如都市更新时期所留下的'超级窟窿(supper hole)')则为非开放空间。开放空间包括公园与广场、都市绿地空间以及树木、座椅、水景、铺面、凉亭、垃圾桶、雕塑、时钟及其他开放空间中类似物件。行人步道、公共设施物等也可视为开放空间元素。"

凯文·林奇(美国)在《城市意象》一书中对开放空间进行定义:开放空间既是集中的、连续的,能为城市的剩余部分"造刻"的,又是任何人都能在其中自由活动的空间。它和土地所有权、大小、使用方式和景观都无关。同时提出:开放空间是小型的、广泛分布于城市结构里的、易于接近的,同时是多功能的。

在土地管理中,开放空间一般定义为"任一土地分区内的土地上,除明文列举许可的建筑外无任何障碍,从地面到天空均为开放的;同时,它必须为居于此土地分区内所有居民可达和使用"。我国一些学者认为:"开放空间是指城市公共外部空间,包括自然风景、广场、道路、公共绿地和休憩空间等。"还有学者认为,开放空间"一方面指比较开阔、较少封闭和空间限定要素较少的空间；另一方面指向大众敞开的为多数民众服务的空间。不仅指公园、绿地等园林景观，而且包括城市街道、广场、巷弄、庭院等空间"。

开放空间可能是环境保护区、都市发展预留地，同时也包括提供游戏和运动场地的游憩场所，除了公园、广场和林荫道等传统的形式以外，也包括因人群集结而形成的市中心商业文化区等各种公共场所的户外休闲空间。

0.2.2　公共开放空间的概念界定

公共开放空间（Public Open Space）不是简单的偏正词语，亦不是公共空间与开放空间的简单叠加。参考相关研究（见表 0 - 1），对比公共空间与开放空间的不同内涵（见图 0 - 1），本研究将"公共开放空间"定义为：位于城市范围内（建成区或其他区域），存在于建筑实体外部、对所有城市居民开放、可供居民方便使用的开敞空间实体，是承载城市居民进行各类公共活动的重要场所。它既包括城市建成区内的公园绿地、广场、街区等休闲活动空间，亦包括市域范围内的森林、湿地、河湖水域、滩涂沙地、山地丘陵等自然开敞空间。

表 0 - 1　不同研究中公共开放空间定义

定义者	时间	概念表述	资料来源
毛蔚瀛	2003	就其接纳的对象而言是公众，就其空间形态而言是开放的，给人以行为层面和心理层面的开放	毛蔚瀛.城市公共开放空间的规划控制研究[D].上海：同济大学，2003.
付国良	2004	可供全体市民免费使用的空间，是用于休闲、集会、娱乐等活动的场所	付国良.城市公共开放空间设计探讨[J].规划师，2004，20(5)：46-50.
王发曾	2005	在一定城市地域内，具有一定结构和多重功能的、存在于城市建筑实体之外的开敞空间体	王发曾.论我国城市开放空间系统的优化[J].人文地理，2005，82(2)：1-8.

（续表）

定义者	时间	概念表述	资料来源
陈家明	2007	为大多数城市居民服务的、供他们进行公共交往活动的开放性场所,是城市与其依存的自然环境进行物质、能量和信息交流的重要场所,是城市生态和城市生活的重要载体	陈家明.城市公共开放空间中生态意义的铺地环境设计研究[D].西安:西安建筑科技大学,2007.
周进	2008	属于公共价值领域的城市空间,主要是城市人工开放空间,或者说人工因素占主导地位的城市开放空间	周进.城市公共空间建设的规划控制与引导——塑造高品质城市公共空间的研究[M].北京:中国建筑工业出版社,2005:63,108.
卢一沙	2008	城市中室外的、对所有市民开放的、提供除基础设施外一定的活动设施、承载各类公共活动并以承载生活性公共活动为主的场所空间	卢一沙.总体规划阶段城市公共开放空间系统规划探究——以南宁市为例[D].苏州:苏州科技学院,2008.
宋立新等	2012	由公共权力创建并保持的、供所有市民使用和享受的场所和空间,具有社会和自然双重属性	宋立新,周春山,欧阳理.城市边缘区公共开放空间的价值、困境及对策研究[J].现代城市研究,2012(3):24-30.
苏倩	2013	存在于城市建筑实体之间,具有公共价值属性的城市开敞空间。具有公共性、开放性及动态性等特性	苏倩.深圳近30年城市公共开放空间中景观建筑的发展研究[D].无锡:江南大学,2013.

　　一定区域内,由不同类型公共开放空间组成的具有一定结构形态和功能构成的空间集合体被称之为该区域的"公共开放空间体系"。建成区公共开放空间体系,即指位于城市中心城区、边缘城区、远郊城区(新城、新市镇)等城市建成区域内的各类公共开放空间形成的系统,它是城市居民公共活动的空间基础与载体,是居民身边的公共开放空间集合。非建成区公共开

放空间体系,则指市域范围内城市森林、湿地、河湖水域、滩涂沙地、山地丘陵等自然开敞空间所组成的空间集合。

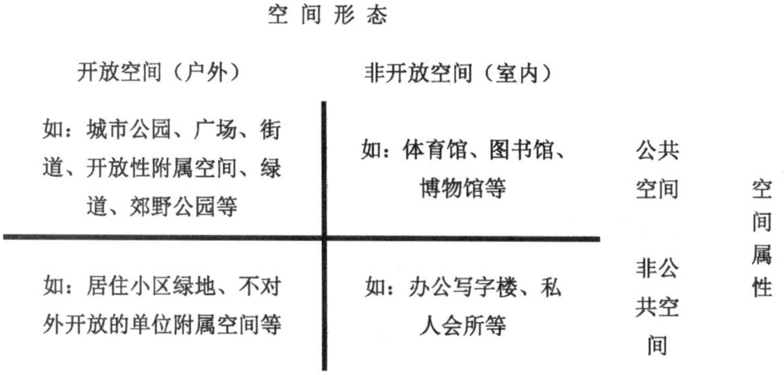

空 间 形 态

开放空间(户外)	非开放空间(室内)		
如:城市公园、广场、街道、开放性附属空间、绿道、郊野公园等	如:体育馆、图书馆、博物馆等	公共空间	空间属性
如:居住小区绿地、不对外开放的单位附属空间等	如:办公写字楼、私人会所等	非公共空间	

图 0-1 公共开放空间概念界定

综上所述,本书针对上海城市公共开放空间的界定应同时具备以下 3 个必要条件:

1) 公共性

强调城市公共开放空间是城市公众活动的核心场所。基于"公共使用"的角度,公共性主要体现在以下两个方面:

接纳对象的公共性:即使用者为普通大众,不以居民的性别、年龄、职业、户籍等区别,限制城市居民对空间的使用。如不对外开放的居住小区,其附属绿地空间只针对本小区居民服务而非公众,因此不具有公共性。

功能用途的公共性:即能够满足城市居民进行日常生活中各种公共活动的使用需求。

基于以上两点认识,结合样点调研和上海公共空间现状实际,可以认定独立设置的空间地块,如公园、广场、街道、绿道、郊野公园等具有公共性,而附属地块空间,如商场附属广场空间、公共性建筑物附属的服务空间等,亦具有公共性。虽然土地权属不是影响空间的公共性的决定因素,但在规划与管理中需对不同土地权属的空间采取不同的策略。

2) 开放性

具有生态、经济、文化、景观等一种或多种功能,位于城市建成区或郊区,具有明确、清晰的边界(城市道路、建筑、植物等围合而成),在常规时间

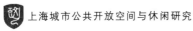

内对外开放,使用人群可方便到达、进出、开展活动。

3）休闲性

具有一定的规模和配套服务设施,能够提供一定的休闲活动场地或连接相关休闲活动功能节点,可在一定程度上服务居民休闲活动的开展,能够满足城市居民运动、游览、交流等多种需求。

0.2.3　公共开放空间分类

1）按照人类干预程度划分

自然公共开放空间:指以自然要素为主的公共开放空间,而不是指完全自然化、人类不涉足的原生态开放空间。一般来说,郊野绿地、林地、草原、海滩、湿地(滩涂、河流湖泊等)属于自然公共开放空间。在这类空间中,人与自然和谐相处,生态较为平衡,是满足人们长时间休闲游憩活动的主要空间载体。

人工公共开放空间:指在城市发展过程中人们有目的、有意识建设的空间,包括公园绿地、广场、步行街区、滨水开放空间等。人工公共开放空间往往承担了城市具体的职能,与人们的生活息息相关,是城市生活重要的载体。通常来说,其可以满足人们日常的休闲游憩需求,是构成现代城市公共开放空间的主体。

2）按照空间形态划分

点状公共开放空间:点状空间面积相对较小,形状为团块或类似块体。例如,分散于城市各地的街头绿地、小型广场等。

线状公共开放空间:线状空间如城市建成区中的街道、滨水绿带等,市域建成区之外区域的绿道和蓝道等。绿道是沿着诸如河滨、溪谷、山脊线等自然走廊,或是沿着诸如用作游憩活动的废弃铁路线、沟渠、风景道路等人工走廊所建立的线型开敞空间,包括所有可供行人和骑车者进入的自然景观线路和人工景观线路;蓝道则指连接风景名胜、野营点、划艇运动区、环境保护区等设施或地点的水域集合体,其具体形态包括河流、湖泊、运河和海岸线等。

面状公共开放空间:面状空间是指城市中面积相对较大的公共开放空间,包括综合性公园、动植物园、大型广场和水域湿地等自然空间等。

3）按照利益衡量标准分类

公益型公共开放空间：指以社会公共利益为目的而建，由政府或非政府公益型组织投资建设，也包括由法规引导私人部门进行城市开发活动向公众提供的非营利性公共空间等。此类型公共开放空间不以营利为目的，经营者在实际运作中仅收取部分用以维持管理、维护的费用。此类空间主要功能是满足居民的休闲活动需求，对于提高城市生活整体水平具有重要的意义，从这个层面上来看，公益型公共开放空间是城市公共开放空间的主体。

商业型公共开放空间：指以商业盈利为目的的收费型的公共开放空间，如建成区内的部分经营性场所（专业运动场、商业休闲空间等）；市域建成区之外的诸如郊野公园、农业休闲观光园，此类空间可以满足人们较高层次休闲游憩需求，是公益型城市公共开放空间的补充。

0.3　公共开放空间休闲活动

1）休闲活动

休闲活动指在特定的休闲时间（工作日的业余时间、节假日等）内，休闲主体自愿从事的、与谋生和获取报酬无关的、自己感兴趣的、有意义的活动，休闲活动是人们在休闲时间内实现休闲目标的具体形式和载体。

2）公共开放空间休闲活动

城市空间是休闲活动顺利开展的空间载体与物质保障。城市公共开放空间作为最基础、居民日常生活中利用程度最高的城市空间类型，其内部开展的休闲活动是城市休闲活动的基础。由此，公共开放空间休闲活动是指在常规时间，以城市居民为主的休闲主体合理利用公共开放空间开展的各类休闲活动的总称。

3）公共开放空间休闲活动体系

休闲活动的分类方法多种多样。楼嘉军等（2010）根据人们日常休闲活动的形式及其对人发展的意义，将休闲活动分为消遣娱乐类、怡情养身类、体育健身类、旅游观光类、社会活动类、教育发展类、消极堕落类 7 大类。参照上述分类思想,本书根据休闲活动的具体形式,将上海公共开放空间相关休闲活动分为体育健身类、生活怡情类、娱乐消遣类、游览观光类和社会活动5个大类,11个小类,包含30余种常见的公共开放空间休闲活动类型,具体分类如表0-2所示。

表 0-2　公共开放空间休闲活动分类体系

活动大类	细分小类	休闲活动项目
体育健身类	常规体育活动	跑步、健身操、球类、舞蹈、体育器材活动
	传统健身活动	武术太极、放风筝、踢毽子、抖空竹
	时尚体育活动	自行车(小轮车)、轮滑滑板
生活怡情类	亲子宠物	带小孩、玩耍嬉戏、宠物遛弯、动物喂食(鱼、鸽子等)
	业余爱好	摄影拍照、书法绘画、棋牌活动、垂钓、乐器演奏、戏曲唱歌、读书看报
娱乐消遣类	闲逛闲聊	散步、逛街购物、聊天交流
	定点活动	游乐场娱乐活动、户外休闲餐饮、户外商业活动
游览观光类	市区游览	游览城市公园、广场、动物园、植物园、游乐园等
	郊野观光	游览农业休闲观光园、郊野公园、森林公园、湿地公园等
社会活动	公益活动	户外志愿者活动等
	自发活动	宗教集会等

0.4　研究进展

国际上对公共开放空间的研究始于英国首都伦敦 1877 年《大都市开放空间法》(Metropolitan Open Space Act)的制定,其后,欧美其他国家亦展开了对开放空间的理论研究与规划探索。我国从 20 世纪 80 年代引入公共开放空间相关概念,较之国外,公共开放空间研究起步晚、积累少,尚处于初级阶段。本书所界定的公共开放空间与国外相关研究中的 Open Space 多有重合,相关研究成果十分丰富,而国内相关研究对公共开放空间尚未有清晰完整的定义,不同研究多从各自视角对公共开放空间的范畴进行界定,相关提法还包括公共空间和开放空间。

0.4.1　国外相关理论及规划先进成果

国内研究者对国外公共开放空间规划研究的优秀成果进行了大量的引进与介绍,主要集中在英、美、德三个国家。英国方面,韩西丽等(2004)通过对 1929—1991 年伦敦开放空间规划的回顾,分析了各个规划阶段的指导思想及其公共开放空间规划思想的发展趋势;刘家琳等(2013)则以东伦敦绿网为例,探索了东伦敦公共开放空间保护与再生策略。美国方面,李咏华等(2010)选取美国为主的北美十大都市区公共开放空间规划的典型案例,对比剖析了公共开放空间保护发展轨迹及影响因素;任晋锋(2003)通过对美国的公共领域与公园关系的探讨,侧重土地的获得与利用,介绍了美国城市公园和公共开放空间发展的历程和发展策略;姚朋(2014)则从具体案例入手,介绍了以绿色开放空间模式为主导对哈德逊河公园城市滨水工业地带进行更新开发案例。德国方面,王洪涛(2003)在对德国城市开放空间发展系统回顾和分析的基础上,总结了德国公共开放空间的建设经验;董楠楠(2011)以莱比锡与柏林为例,归纳总结了德国公共开放空间"临时使用"策略及其发展趋势。此外,何韶瑶(2004)、王佐(2008)等还分别研究介绍了加拿大、荷兰等国的不同类型公共开放空间的规划思想与建设经验。

0.4.2　公共开放空间的功能与价值

公共开放空间功能与价值主要表现在生态价值和社会经济价值 2 个层面。在生态价值层面,绿地作为公共开放空间的主要类型,其自然生态功能一直为人所重视。公共开放空间能降低空气和噪音污染、改善小气候、保护物种与栖息地等生态功能已得到了广泛的认同。目前对公共开放空间生态功能与价值的研究多集中在公共开放空间绿地规模、类型、区位与其生态功能效率发挥等方面。Lam K. C.等(2005)和 Lee S. W.等(2008)的研究表明公共开放空间生态效应的发挥与其规模有密切关系,距离远、规模小、单元破碎度高的绿地开放空间生态效应低下;Taha H.(1998)等对公共开放空间植被降温增湿影响的研究表明,该影响有明显随距离增加而递减的趋势。

同时,随着城市的发展,公共开放空间的社会经济价值进一步显现,相关研究迅速增加。其中,叙述性偏好法多用以衡量居民对开放空间非市场属性的认知程度和保护态度。Wu J. J.等(2003)对公共开放空间与城市空间结构的研究表明,居民更喜欢居住在离开放空间近的区域;Backlund E. A.等(2004)基于对伊利诺斯州(Illinois)5 000 个家庭的分层随机抽样以及问卷调查,指出森林区域、溪流廊道、郊野生境和湖塘水域等自然开敞空间应该在规划管理中优先得到处理;Bowman T.和 Thompson J.(2009)基于对开发商和居民对小规模土地出售及设计的认知的调查,发现超过 66% 的人愿意为公共开放空间的进一步开发支付费用;Broussard S. R.等(2008)调查了上沃巴什(Upper Wabash)河谷地区,基于居民对公共开放空间保护政策的认知,采取有效措施平衡社区增长,保护区域环境;Brander Luke M.等(2011)利用 CV 和 HP 法对城市公共开放空间的研究表明:公共开放空间价值与人口密度显著相关,而与居民收入水平无显著关联。显示性偏好法反映公共开放空间的市场属性,多围绕 Hedonic 模型、房产交易资料和调查数据进行研究。相关研究表明:公共开放空间的规划建设会对房价产生显著的影响,其影响因空间类型、保护特征和规模的差异而不同;就市场影响力的大小而言,大型公园优于小型公园,自然公园优于人工公园,保护性空间优于可开发空间。

0.4.3　公共开放空间对城市空间的影响

公共开放空间对城市空间影响研究,主要体现在城市空间结构和城市空间扩展演变两方面。首先,公共开放空间所表现出的布局模式则对城市形态结构有直接影响。Turner T.(1995)基于对伦敦(London)城市公共开放空间的调查,总结了公园、广场、绿道等不同类型空间在城市中的布局模式。同时,公共开放空间的分布以及居民对其价值的认知等因素,亦会影响到城市功能分区、产业布局、居住区分异等,进而影响城市空间结构。

其次城市各种公共开放空间的存在,能够有效限制城市的无序扩展和蔓延;Bengston D. N.等(2006)基于对首尔城市空间蔓延控制的研究,指出:以城市边界绿化隔离带为代表的城市公共绿地可有效限制城市空间的增长;而作为城市公共开放空间重要组成部分的城市外围生态开敞空间,Bruegmann R.的研究指出:其本身在阻止城市无序蔓延方面的作用有限,主要通过影响城市发展方向来疏导城市的扩张。在这一方面,Jim C. Y.等(2006)和 Crawforda D.等(2008)的研究表明:当生态开敞空间距离城市中心较近时,城市将围绕其进行环状扩展;而距离较远时,市民依然会靠近优质的市域开敞空间居住,形成"飞地型"城市扩展模式;进一步的研究还表明,生态开敞空间类型、规模的不同对城市扩展速度、结构的影响也不同。

0.4.4　公共开放空间的调查与评价

公共开放空间的调查主要采取现场调查或文献研究的方法,调查研究公共开放空间的自身属性、使用状况与建设发展情况,并分析公共开放空间的景观格局演变特征,公共开放空间数量的增减、形状的改变及类型的转换常被看作土地利用类型、土地覆被的变化来研究。王绍增和李敏(2001)从生态学的角度出发,提出了公共开放空间的布局规律,并构建了规划建设的基本生态原则和指标体系;徐振等(2011)通过对历史资料的分析,简述了1930—2008年南京城墙周边开放空间形态的变化及背景,总结了该区域景观特征的转变规律;王发曾等(2012)、邵大伟(2011)、曾容(2008)等基于GIS平台,利用多年的土地利用资料,运用景观格局分析方法,分别研究了洛阳、南京、武汉的公共开放空间格局演变规律,并提出了空间优化策略。Herlod M.等(2005)利用Ikonos卫星高分辨率影像数据,利用Fragstats景观格局分析软件,圣塔芭芭拉城(Santa Barbara)公共绿地的景观格局进行了分析,并建模分析了城市增长和土地利用格局的变化。Taylor J. J.等(2007)则利用航片,分析了密歇根州芬顿镇(Fenton)开放空间景观格局的演变。

公共开放空间评价方面的研究则主要从公共开放空间品质及公共开放空间价值评估两个角度进行,其中品质评价的相关探索往往结合公共开放空间的调查与分析一同开展。就空间品质评价而言,陆宁、陆路等(2008,2013)分别采用故障树分析模型和模糊综合评价模型,构建了公共开放空间评价指标体系;王祖纬(2008)基于国内外相关研究成果,筛选评价因子,构建了一套适用于国内城市公共开放空间的使用后评价方法,并对太原市2个公园进行了评价;王璇(2011)运用POE(使用状况评价)法评价了东北师范大学校园公共开放空间。就公共开放空间价值评估而言,国内相关研究起步较晚,研究者多引用国外相关研究方法,对国内城市或不同类型公共开放空间进行价值评估,其中孙剑冰(2009)基于CVM价值评估法对作为休闲街区的苏州古典园林空间进行了价值评估;周佩佩(2013)和熊岭(2013)分别运用 HPM 法和 CVM 法对武汉市公共开放空间的价值进行了评估。

0.4.5　公共开放空间保护与规划研究

公共开放空间保护及规划设计研究方面,相关研究主要关注于空间保护体系介绍、总体布局规划及空间优化设计 3 个侧重点。

就空间保护体系介绍而言,Koomen E.等(2008)基于对荷兰 10 年间(1995—2004 年)土地利用和空间保护政策的分析,肯定了管理部门采取的严格限制开发的措施。Tang B.等分析了香港 1965—2005 年间的土地利用规划及其变化趋势,立足于生态环境保护,对 40 年间的土地利用趋势提出了警示。美国、德国、以色列等国学者均根据各自发展特色,对公共开放空间的规划进行了评价与反思。国内学者关于空间保护层面的研究相对较少,宋立新等(2012)通过对我国城市边缘区公共开放空间规划、建设现状的总结与分析,针对存在问题,提出了规划和保护建议与策略;王绍增和李敏(2001)基于对我国规划、建设工作中现实存在问题的分析,提出了"开敞空间优先"城市规划思想。

就空间总体布局层面规划而言,基于空间分析技术的进步,在对自身发展与相关政策分析的基础上,研究者对不同研究对象提出了积极、有效的优化建议,如 Neema M. N.等(2010)以达卡(Dhaka)为例,基于公共开放空间现状布局,以人口密度、空间和噪音污染等为优化目标,对城市公共开放空间的总体布局进行了优化。杨晓春等(2008)结合深圳市实际情况,梳理界定了公共开放空间概念内涵,并从整体视角探讨了公共开放空间系统的规划方法,并提出了人均公共开放空间和步行可达范围覆盖率 2 项量化分析指标;卢一沙(2008)以整合公共开放空间为目的,在总体规划视角下,探讨了城市公共开放空间体系的规划编制方法。

就空间优化设计层面而言,研究者多以城市外围区域或社区、邻里单元内不同类别的公共开放空间为对象,以引导公共开放空间功能发挥和吸引力优化为目标,对其进行优化设计。Francis M.(2003)从使用者需求出发,指出利用乡土植物、增加栖息地斑块面积、蓄留城市雨水、透水铺装应用等利于提升环境生态功能的技术应该在公共开放空间设计中推广应用。Owens P. E.(1997)、Turel H. S.等(2007)的研究则旗帜鲜明地提出设计、建设时应关注不同人群,尤其是老人、儿童及残障人士的身体条件和游憩需求,营建人性化的公共开放空间。同时,Germeraad P. W.(2003)在对西班牙城市空间的研究中强调了文化对于公共开放空间设计的重要性;Thompson J. W.等(2000)则对现代景观设计追求标新立异而忽视了传统文化的传承与景观化应用表示了担忧。刘坤(2012)以苏南地区典型乡村为例,在详细分析地域特色、社会经济背景和公共活动等对乡村公共开放空间影响的基础上,探究了乡村公共开放空间的发展策略;高碧兰(2010)基于国外相关研究理论和优秀案例的借鉴,分析了滨水公共开放空间的特征和影响因素;初蕾蕾(2009)通过理论梳理与现状调查,归纳并整理了大型零售商业建筑公共开放空间的设计原则,并对其设计方法进行了探讨;杨涛立足城市更新,分析了历史地段更新改造时公共开放空间的作用,并探讨了历史地段公共开放空间的设计原则与设计要点。与此同时,康健等(2002)、王新军等(2013)还分别对公共开放空间声景、光环境等专项进行了研究。归纳起来,国内外公共开放空间优化设计层面表现出了功能化、人性化、人文景观化的趋势与特点。

综上所述,从研究历史来说,自 1877 年起,国外对公共开放空间的研究已延续百余年。得益于长期、完善的学科发展及规划实践历程,国外公共开放空间理论与应用层面的研究均较为深入。就研究方法而言,随着研究领域多学科的不断渗入以及 3S 等分析技术的不断发展,定量研究已成为国外公共开放空间相关研究的基本方法与特色;就研究内容而言,国外学者建立了包含公共开放空间分析、评价、保护与规划等内容的多层次的、相对完整的研究框架;而当前相关研究侧重于定量分析的过程,对空间的优化,多数研究仅提出了策略,未能发展出优化模型、延续量化分析这一优势,这亦是目前相关研究未来的发展方向。

较之国外,我国的公共开放空间研究尚处于起步阶段。“公共开放空间”或与其相关的概念尚未收录于行政法规性名词,没有规范或标准性质的界定;同时研究者多立足于各自的学科与研究视角提出对其概念的理解,目前对公共开放空间的定义尚未取得相对统一的结论;同时国内的相关研究定量化正成为趋势,但目前的大部分研究多只提观点,缺乏实证过程,往往带有较为强烈的主观色彩,不能揭示开放空间规划设计所需要的"客观规律"。就研究内容而言,大部分研究多着眼于宏观层面,规划设计实践研究也多借鉴国外相关理论成果,关于中国城市公共开放空间的现状及自身发展较少涉及;而涉及具体城市公共开放空间较为深入的调查和研究则往往从公园、广场、街道、绿道、郊野公园、农业观光园等某一类型入手,从整体视角对具体城市公共开放空间体系构建以及基于公共开放空间居民休闲活动现状和需求的空间规划设计研究十分缺乏。由此,定量化、系统化是我国公共开放空间相关研究的发展趋势。

第1章 国内外公共开放空间案例分析与借鉴

本章通过对国内外相关案例的整理,对与公共开放空间有关的规划、建设、先进管理经验等进行解读与借鉴。

1.1 城市建成区公共开放空间体系相关案例分析

选取世界先进国家城市公共开放空间规划设计和管理的案例,从体系构建与分类、空间指标控制、规划设计与管理策略三个角度对案例进行解读,归纳总结其成功经验与先进理念,以期为上海市公共开放空间的规划与建设提供思路与借鉴。

1.1.1 公共开放空间分类与体系构建

1) 美国:NRPA(国家休闲与公园协会)

美国国家休闲与公园协会根据美国实际情况,以公园为主要表现形式,按照规模与距离居民住所的距离,将城市公共开放空间分为本地空间、区域空间和特色空间 3 个大类 8 个小类,并规定了每个类型空间的服务半径、规模大小以及需求量。具体如表 1-1 所示。

表 1-1 NRPA—美国公共开放空间的分类系统

名称	用　　途	服务半径(m)	规模大小(hm²)	千人需求量(m²/千人)
本地/家边空间				

（续表）

名称	用　　途	服务半径（m）	规模大小（hm²）	千人需求量（m²/千人）
迷你公园	专门服务于较为集中的、有限的人数，或是特殊群体比如儿童与老年人	小于400	小于等于0.4	25～50
邻里公园/场地	较为激烈的活动所使用的场地，比如现场比赛、场地游戏、建造游戏、游憩设施场地、溜冰、野餐、浅水池等	400～800半径，服务于最多5 000人	大于6	100～200
社区公园	一块有不同环境质量的区域。可能有包含适合激烈运动的娱乐设施的区域，如运动复合体、大型游泳池。可能是有优质天然环境适宜户外休闲活动，比如散步、观景、休憩、野餐。也可能是上述的任意组合，这取决于现场状况与社区需求	几个邻里空间；1 600～3 200半径	大于10	500～800
区域性空间				
区域性/大城市公园	环境优美或有观赏价值的适宜户外休闲活动的空间，可野餐、划船、钓鱼、游泳、露营或有游步道。可能包括游乐区	几个社区；一小时车程	大于80	500～1 000
区域性公园保护区	有天然优质景观与面向户外休闲的自然区域，适宜观察和研究自然、野生动物栖息地、游泳、野餐、远足、钓鱼、划船、露营或游步道。可能包括游戏场地。一般情况下80%的土地用于保护管理自然资源，剩余不到20%的土地用于游憩发展	几个社区；一小时车程	大于400；足够的区域使所述资源被保存和管理	可变

（续表）

名称	用　　途	服务半径（m）	规模大小（hm²）	千人需求量（m²/千人）
线性公园	区域服务于一种或多种游憩需求，比如远足、骑行、雪地摩托、骑马、越野滑雪、皮划艇或驾车兜风。可能包含游戏场地	无适用标准	足够的宽度，以保护该地资源，并提供最大限度的空间利用	可变
专类用途区域	专门或单一用途的休闲活动场地，如高尔夫球场、自然中心、游艇码头、动物园、音乐学院、树木园、展示花园、运动场、路线剧场、射击场地、山地滑雪区、自然保护区、遗址等。另外广场内或附近有商业中心、林荫大道或公园大道	无适用标准	可变，依照需求尺寸	可变
自然保护区	自然/文化环境的保护为首要目标，游憩为次要目标的区域	无适用标准	足够保护资源	可变

2）英国：伦敦和纽卡斯尔

伦敦公共开放空间的规划控制方法是建立了一套严格而完整的"开放空间分级系统"，这是伦敦城市开放空间的重要特征，并对世界城市开放空间规划具有示范性的重要意义。

该系统为伦敦公共开放空间的供给提供了基准尺度。在伦敦公共开放空间分级系统中"公众可达性"是一项重要的影响因素，为居民从住处到达开放空间的距离与开放空间的面积平衡奠定了系统的分级标准。具体如表1-2所示。

表 1 - 2　伦敦开放空间分级系统一览表

开放空间类型	概　述	规模大小（hm²）	到居住地距离（km）
区域公园（Regional Parks）	大尺度区域、廊道状的或者网络状的开放空间	超过 400	3.2～8
都市公园（Metropolitan Parks）	与区域公园类似的大型开放空间	60～400	3.2
区级公园（District Parks）	大型的城市开放空间，提供自然景观以及广泛的户外活动设施	20～60	1.2
社区公园（Local Parks）	提供户外活动场地、儿童游戏场地、休憩空间以及自然绿地	2～20	0.4
小型开放空间（Small Open Spaces）	提供花园、休憩空间、儿童游戏场地及自然绿地	0.4～0.2	＜0.4
袖珍公园（Pocket Parks）	小型开放空间，提供自然景观、林荫场所以及少量的休憩、活动空间	0.4	＜0.4
线性开放空间（L·near Open Spaces）	沿着泰晤士河道、运河及其他河道的线性开放空间，还包括了散步道、废弃的铁路以及提供休闲游憩的其他通道	可变的	可变的

　　纽卡斯尔城市开放空间设置主要以满足居民需求、方便人们使用为宗旨，根据规模和服务半径的不同，主要可分为城市绿地、活动场地、广场、绿道及林荫道等类型，如表 1 - 3 所示。

表 1 - 3　纽卡斯尔城市开放空间设置标准

空间类型	空间规模（hm²）	服务半径（m）
城市公园	2～6	1 000（人口密集地区降至 500m）
自然和半自然绿色生态空间	＞2	2 000
都市农田	＞1.2	1 000
一般城市绿地	＞0.1	300（5 分钟步行距离）

（续表）

空间类型	空间规模（hm²）	服务半径（m）
幼儿活动场地	＞0.1	50～100（2～3 分钟步行距离）
儿童活动场地	＞0.1	150～300（3～5 分钟步行距离）
少年活动场地	＞0.1	300～500（5～7 分钟步行距离）
绿色通道及林荫道	—	1 000
户外活动场地	—	—
宗教场地和墓园等	—	—
集会游憩广场及商业广场	—	—

3）荷兰

荷兰规划师在 20 世纪 50 年代中期建立了理想的公共开放空间等级体系，把公共开放空间提供的设施规模和性质与对这些设施需求的范围和特征联系起来，以吸引范围作为唯一的变量，由此进行推理，创立了理想的公共开放空间系统。从理论上解决了游憩需求与供给及其布局的对应关系。其公共开放空间等级体系如表 1－4 所示。

表 1－4 荷兰公共开放空间的等级体系

类型	管理	需求（m²/人）	规模（hm²）	范围（km）	交通设备	设施/场地
邻里	市	4	0.4～1.6	0～0.5	小径	—
地方	市	8	2.4～4	0.5～1	自行车道	洗手间、电话亭
小区	市	16	12～24	1～3		咖啡室
城市	市	32	80～160	3～5	停车场	饭店
市域	市	65	400～1 200	5～20	公交	—
国家	国家	125	4 000～12 000	50～100	—	旅馆/营地
国家	国家	250	2 400～4 000	100＋		

4）中国香港

高密度并不意味着拥挤和公共空间的极度匮乏，香港的成功经验表明，在高密度的生活环境下，也可以实现一个持续发展和充满活力的城市公共

空间图景。通过多年的实践,香港形成了多元化的城市公共开放空间类型:

滨水型公共空间:香港山地多、平地少,土地资源极为稀缺,城市发展主要集中在海岸沿线。1840年以来的填海工程为城市提供了大量土地资源和滨水岸线。

商业型公共空间:香港商业型公共空间的立体化特征非常明确。如港岛中心区的中环、金钟和湾仔区的行人天桥系统经过持续的扩展和完善,几乎已经把各个主体建筑完全联为一体,成为城市建筑综合体。建筑物不仅在水平面上围合、分割公共空间,在垂直方向上也将公共空间包纳其间,建筑、通廊与公共空间相互融合和穿插。

交通节点型公共空间:香港的公共交通非常发达,居民90%的出行方式由公共交通承担。交通基础设施与公共空间的结合产生了一定的催化作用,在交通换乘的节点地区常常形成一些集零售、休闲、文化等为一体的服务性公共空间。

1.1.2 公共开放空间规划指标

1) 旧金山城市公共开放空间指标导则

旧金山城市公共开放空间划分为11种类型,并分别制定了城市设计导则,包括尺寸、位置、可达性、休憩座椅、景观设计、服务设施、小气候和开放时间等。其有关城市花园、城市公园及广场的指标控制标准如表1-5所示。

表1-5 旧金山公共开放空间设计导则(部分类型)

类别	城市花园	城市公园	广场
面积	$100\sim900$ m^2	不小于900 m^2	不小于650 m^2
位置	在地面层,与人行道、街坊内的步行通道或建筑物的门厅相连	—	建筑物的南侧,不应紧邻另一广场
可达性	至少从一侧可达	至少从一条街道可达,从入口可以看到公园内部	通过一条城市道路可达,以平缓台阶来解决广场和街道之间的高差

（续表）

类别	城市花园	城市公园	广场
桌椅等	每 25 平方英尺花园设置一个座位,一半座位可移动,每 400 平方英尺花园设置一个桌子	在修剪的草坪上提供正式或非正式的座位,最好是可移动的座椅	座位的总长度应等于广场的总边长,其中一半座位为长凳
景观设计	地面以高质量的铺装材料为主,配置各类植物,营造花园环境,最好引入水景	提供丰富的景观,以草坪和植物为主	景观应是建筑元素的陪衬,以树木来美化空间界定和塑造较为亲切尺度的空间边缘
商业设施	—	在公园内或附近处,提供饮食设施,餐饮座位不超过公园总座位的 20%	在广场周围提供零售和餐饮设施,餐饮座位不超过公园总座位的 20%
小气候	保证午餐时间内花园的大部分使用区域有日照和遮风条件	从上午中点到下午中点,保证大部分使用区域有日照和遮风条件	保证午餐时间内广场的大部分使用区域有日照和遮风条件
公共开放程度	从周一到周五为上午 8 点到下午 6 点	全天	全天
其他	如果设置安全门,应作为整体设计的组成部分	如果设置安全门,应作为整体设计的组成部分	—

2）科罗拉多州公园与游憩规划量化标准

科罗拉多州针对居民日常的休闲需求与活动实践,从居民休闲活动所需的场地设施基本条件出发,推出了公园与游憩规划量化标准(见表 1-6),以指导规划设计与建设实践。

表 1-6　科罗拉多州公园与游憩规划量化标准

设施	设施/场地类型	千人设施需求数量	每单元面积(平方英尺)	每单元非沿街停车面积(平方英尺)	每单元占地面积(英亩)	千人土地总面积(英亩)
大型运动场	足球/多功能运动场	0.95	93 100	3 000	2.21	2.10
	棒球/垒球场	0.61	160 000	4 050	3.77	2.30
小型运动场	网球场	0.97	7 200	300	0.17	0.17
	篮球场	0.91	600	450	0.16	0.15
	排球场	0.13	4 000	450	0.10	0.01
户外娱乐场	小型轮滑场(7 000 平方英尺)	0.16	7 000	1 050	0.18	0.03
	大型轮滑场(17 000 平方英尺以上)	0.06	17 000	4 950	0.50	0.03
	越野自行车赛道(ABA标准认证)	0.16	130 700	5 250	3.12	0.50
	硬质铺装小道(每英里)	1.04	105 600	450	2.43	2.53
	裸土/碎石小道(每英里)	2.33	79 200	300	1.83	4.25
	可钓鱼的岸线(每英里)	0.32	158 400	—	3.64	1.16
	邮轮码头	0.07	43 560	—	1.00	0.07
休闲场地	娱乐场(发展良好地区的每 3200 平方英尺)	0.16	3 200	3 000	0.14	0.02
	家庭野餐区域	6.25	225	300	0.01	0.08
	团体野餐区域(有遮阴)	0.36	8 712	2 550	2.06	0.74
	公园座椅	7.69	12		0.00	0.00
其他娱乐设施	游泳池(户外)	0.12	6 200	8 700	0.34	0.04
	冰球场(全尺寸,冰面覆盖)	0.1	—	9 000	0.90	0.09
	户外表演场地	0.42	43 560	95 200	3.19	1.34

1.1.3　规划设计与管理策略

1）公共开放空间规划设计策略

（1）设置步行街区——德国哥廷根市和慕尼黑市。

步行街区的建设是 20 世纪 70 年代以来旧城空间环境建设和整治的主要内容。

德国哥廷根市和慕尼黑市通过环境整治将旧街道改造成步行区，使得阳光、绿树、彩色路面铺装和街灯统一在一起，配以花池、喷泉和雕塑小品，街头穿插表演、展览、商贸和游戏活动，使之成为步行者休息、闲逛、玩耍等有活力的公共空间。步行区内禁止汽车通行，作为公共交通工具的电车由地铁代替，一度为汽车交通所破坏的欧洲老城传统的城市步行生活方式重新得到恢复，步行街区真正成为亲切宜人、充满活力、富于地区特色的城市心脏。

（2）提供更多公共活动空间——美国纽约"十分钟步行圈"。

为了满足所有纽约市民对公共空间的需求，纽约提出了公共空间发展规划：预计到 2030 年，纽约将升级五个区 4 700 多公顷的公共开放空间，纽约市民将生活在"十分钟步行圈"中。其公共空间发展策略具体如下：

通过开放学校绿地作为公共娱乐空间、增加体育运动场地的选择以及规划建设大型公园，以便让更多的人能利用现有的场地；

通过提供更多的多功能场地、安装新的照明系统，延长场地的开放时间来增加现有场地的可利用时间；

通过新建或增加每一个社区的公共广场、增加城市绿化空间来重新界定公共区域。

纽约不断投资进行全城未充分利用的公共空间的再开发，这些新的或改进的广场将会帮助改善那些缺乏公共空间社区的生活质量。同时纽约城市规划委员会通过一项空间规划法案，法案要求所有的建筑拥有者每隔 25 英尺种植一颗行道树，以增加城市绿化空间。

（3）整治绿色开放空间——美国波士顿开放空间系统规划。

美国通过绿道的建设控制了不合理的建设活动，有效地保护和改善了城市的公共开敞空间，并通过绿道为市民提供休憩场所、追忆历史的长廊及运动健身的空间,为市民带来生活的愉悦。

在波士顿开放空间系统规划中,奥姆斯特德尝试用公园道或其他线形方式来连接城市公园,或者将公园延伸到附近的社区中,从而增加附近居民进入公园的机会,试图通过综合规划的方法来恢复查尔斯河流域的自然状态,从而达到控制洪水泛滥和改善河流水质的目的。查尔斯·艾略特站在奥姆斯特德的基础上,通过3条沿海河流廊道将波士顿郊区的6大开放空间连接起来,并提出恢复一片城市滨海区——波士顿里维尔海滩,创造了整个波士顿大都市区方圆650km²市域范围内的公园系统或者绿道网络(见图1-1)。

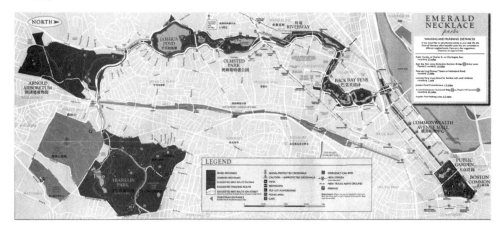

图 1 - 1　波 士 顿 绿 链

资料来源:刘滨谊,余畅.美国绿道网络规划的发展与启示[J].中国园林,2001(6):77-81.

(4)创造城市滨水景观——美国芝加哥湖滨区域。

许多美国城市已经发展了中心区滨水公园,通过加强城市水体与附近建筑的联系,在滨水设计有吸引力的公共场地,将滨水作为公共开放空间,创造宜人的休闲、娱乐、消费空间。

芝加哥湖滨区域,不仅是全市的公共活动中心、文化娱乐中心,更成为全世界著名的旅游胜地、展览会议中心。改建后的海军码头每年吸引的游客数量超过700万人次,麦高梅克展览中心已发展成为全美最大的会议展览中心,博物馆区更是聚集了世界级的文化艺术机构,包括自然博物馆、天文馆、水族馆、美术馆等。

（5）多元化的城市公共开放空间类型——新加坡。

新加坡素以"花园城市"著称，多年的城市开放空间规划建设实践，形成了城市完善的公共开放空间，包括近 4 400hm^2 的公园绿地、300 个公园、近 3 326hm^2 的自然保护区等，有 23% 的国土属于森林或自然保护区。

完善的公共开放空间规划设计体系：新加坡城市规划体系由概念规划、总体规划、详细规划和专业规划构成。涉及公共开放空间规划设计的为总体规划中的特殊规划及控制性详细规划的部分内容，其一般由公园水体规划、街区、城市设计区、保护区和保护建筑规划、住宅规划、建筑高度规划、激发活动使用规划组成。其中，公园水体规划对主要的公共开放空间、人行道等作出规定；街区规划对特定的城市发展区块的布局和形态作出指导。

以城市绿化为主，形成了"花园城市特色"的城市公共开放空间分类体系。其公共开放空间主要包括街道绿化、公园绿化、水道绿化、空中绿化等各类绿化空间和公园绿地联道系统（见图 1-2）。

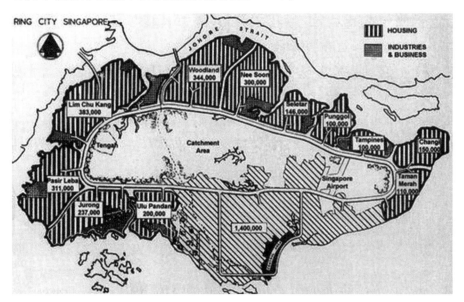

图 1-2　新加坡绿色开放空间规划理念示意

资料来源：新加坡《公园、水体规划及个性规划》，2002 年．

2) 公共开放空间管理策略

(1) 德国:开放空间临时使用策略。

"临时使用"策略强调以城市土地的过渡性使用满足市民临时性的游憩与活动需要。这一措施的特点有二:首先,强调不局限于规划法规中对于用地性质的永久性用途的限制,而立足于对现状与未来建设之间的过度使用进行灵活安排;其次,强调临时使用中的公共性,根据公众需求与周边状况确定开发目标,并以此进一步推动城市复兴。

对于莱比锡、柏林城内空地的整治与改善,很大程度上是在变化的城市背景中增强区域竞争力的重要举措,同时从城市整体层面上代表了一种对于现有土地资源的积极利用态度。临时开发使用策略实践的成功已经使其成为一种针对萎缩城市的"非正式开发模式"。

(2) 澳大利亚墨尔本:街道为主的公共开放空间开发与管理。

在其他城市的街道让位于机动车而只好发展室内购物中心之时,墨尔本则决定保持街道作为城市最重要的公共空间。其开发与管理策略如下:

有针对性的改造与建设——墨尔本对铺地及街道设施进行了大规模的改建,加强了其绿色城市的地位,制定了充满活力的沿街建筑立面的设计方针。因此,墨尔本的街道确保了对行人的巨大诱惑力。

灵活的公共空间政策——河流和公园、独特的早期城市街区、传统的街道网络及电车系统被认为是墨尔本公共开放空间的重要特色。这些城市品质的进一步发展成为新公共空间政策的主题。这些特点为步行提供了可能,由此墨尔本的相关公共空间政策为增强城市中心的生机,鼓励步行交通,鼓励人们走出汽车选择步行,进而享受城市开放空间。

精心设计的城市设施景观的引入——城市新设施已经遍布市内新铺设的人行道。同时,旧的街头家具以及杂乱的私人设施都被搬走了,私人的塑料咖啡椅等已禁止出现在新街区。

1.2　市域生态开敞空间相关类型案例分析

1.2.1　线性生态空间

根据线性生态空间研究的侧重点不同,国内外相关研究和建设主要关注城市绿道、蓝道以及生态廊道三个方面。

1）城市绿道

参考国内外相关研究对绿道概念的定义和绿道建设实践（见表 1－7），绿道是指沿河流、山脊、风景道路等设置，具有串联功能（连接区域主要生态空间节点、公园、历史文化古迹、城乡居住区等），同时可供人们休闲游憩使用的线形生态开敞空间。

表 1－7　国外绿道建设案例分析

绿道名称 尺度/层次、目标	绿地生态网络构建的尺度				绿地生态网络构建的主要目标		
	国家 尺度	区域 尺度	地方 尺度	场所 尺度	自然环 境保护	历史文化 资源保护	游憩资 源利用
澳大利亚 TorrenS 河线型公园			●				●
美国马萨诸塞州野生物种廊道			●		●		
美国南佛罗里达州绿道		●			●		
德国汉诺威市 Kronsberg 地方网络			●		●		●
意大利 Lambr 河谷绿道系统		●			●	●	●
意大利帕维亚绿道		●			●	●	●
葡萄牙 Sintra 绿道网络		●			●	●	●
葡萄牙 Tomar 城市绿道			●		●	●	●
美国格兰德河绿道		●			●		●
美国康涅狄格河生态廊道		●			●	●	
新加坡公园联接道				●			●
日本 Tsukuba 科学城绿道系统			●		●		●

（续表）

绿道名称 尺度/层次、目标	绿地生态网络构建的尺度				绿地生态网络构建的主要目标		
	国家尺度	区域尺度	地方尺度	场所尺度	自然环境保护	历史文化资源保护	游憩资源利用
爱沙尼亚综合地区网络		●	●		●		
比利时 Flanders 地区网络		●	●		●		
美国马里兰州 GI 网络		●	●	●	●		
德国巴伐利亚洲栖息地网络		●	●		●		●
美国北卡罗来纳 Coneord 绿道		●	●		●		●
美国新英格兰地区绿道		●	●	●	●	●	●
美国纽约城市绿道			●	●			●

就绿道研究及其建设水准而言，比较有代表性的绿道有：美国新英格兰地区绿道、英国伦敦绿色项链以及国内广东珠三角的绿道规划。

（1）美国新英格兰绿道网络规划。

新英格兰地区的绿道分类：①休闲娱乐型绿道，包括沿陆地与水体分布的游径网络；②生态型绿道，包含重要的自然廊道和自然系统或是被设计修复的生态和文化功能系统；③历史型绿道，指吸引游客并能提供教育、景观、休闲、经济效益的历史古迹和具有文化价值的场所或游径。

规划提出了 5 个不同层面：整个英格兰地区层面、各州层面、各次区域层面、城镇层面及项目设计层面。

规划前的整合：①研究和测绘现有绿道和绿色空间，包括具有生态自然保护、休闲娱乐、历史文化价值的徒步游径和铁轨；②研究和测绘当前的相关规划提案，这些提案将会分别增加上述 3 种类别的绿道与绿色空间；③更正划分上述 3 种类别绿道的等级；④提出单一目的的规划方案，包括自然保护与生态规划、休闲娱乐开发规划、历史文化资源使用规划;⑤整合上述内容中现有绿道和绿道规划提案,提出一种综合的绿道网络规划。

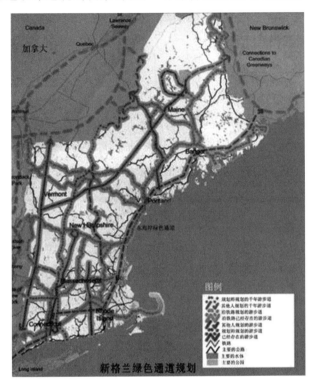

图 1 - 3　新英格兰绿道网络规划

资料来源:刘滨谊,余畅.美国绿道网络规划的发展与启示[J].中国园林,2001(6):77 - 81.

在过去的几十年间,新英格兰地区的绿道规划取得了显著的成效:现存绿色通道面积达 30 670km²,加上正在建设的绿道,预计近期将达到45 184km²,占整个地区面积的 28%。另外,新英格兰各州地区的绿道规划建设也取得了很大的进展。

康涅狄格州,康涅狄格森林公园协会(CFPA)创建了 1 120km 长的蓝焰游步道系统。

马萨诸塞州,1996 年的河流保护法案通过保护一个溪流两岸 60m 的缓冲区,建立了绿道网络的框架,对罗德岛州域范围的绿道规划做出了补充。

佛蒙特州,所有超过 1 000hm² 的土地均受到了保护。

新罕布什尔州,参议院通过 493 号令,让公众与私人合作来共同保护稀缺的自然、文化和历史资源。

缅因州 200 000hm² 的湿地和海岸地的公有化,使其 20% 的土地受到了保护。

(2) 英国伦敦绿链规划。

1929 年,英国大伦敦区域规划委员会制定了《伦敦开敞空间规划》,引入了绿化隔离带概念。1976 年后的伦敦规划继承并发展了"绿道"理念,并将该理念加以延伸,形成包含不同类型的绿色通道组成的"绿链"(green chain)理念,其目的除了保护大多数开敞空间之外,还重视开发这些绿色通道的旅游休闲潜力。

伦敦绿链所涉及的伦敦四区是指,北克斯利区、布罗姆利区、莱维沙姆区、格林威治区,同时,绿链上的一些绿地同样也是伦敦"都市步行环"(Capital Ring)的一部分。伦敦东南区绿链始建于 1977 年,由伦敦东南部的 4 个行政区和大伦敦委员会合作建设。现今,在伦敦的周边已建设了将近 300 个绿色项链状的开放空间,面积相当于伦敦市区的 7 倍,而东南区绿链为其中最有代表性的部分(见图 1-4)。

总的来说伦敦东南区绿链的建设实现了以下几个主要的功能目标。

保护环境的基地——通过绿色空间的建设控制了不合理的建设活动,有效地保护和改善了伦敦的公共开放空间。来自 4 个行政区的该项目工作人员辛勤工作,以确保现在和未来的伦敦绿色开放空间和野生动植物的存在,并给所有市民带来愉悦。

市民的休憩场所——在这条绿色项链中,人们可以欣赏到从学校操场到古代森林和迷人花园之类的很多景象,人们可以在开满鲜花的草地上野餐,在整洁的花园中徜徉,甚至可以参观一个离市区只有约 11.3 公里(7 英里)远的一家农场。松鼠、田鼠、狐狸、啄木鸟和松鸦都是绿链里的常客,有时甚至可以看到非常少见的鹦鹉品种。

追忆历史的走廊——整条伦敦东南区绿链具有浓郁的历史韵味。在这里,人们可以感受到昔日宫殿的庄严、议院的辉煌、修道院的变迁、水晶宫的

图 1-4　英国伦敦"绿链"地图

资料来源:互联网资源,https://www.greenchain.com/.

神奇和水利大坝的雄伟。

运动健身的空间——对于喜欢运动的市民来说,这里简直是一个再理想不过的运动空间,绿链内可以进行高尔夫球、网球、足球、橄榄球、田径和游泳等多种体育健身项目。

(3)珠三角绿道网络总体规划。

绿道网总体布局——规划形成由 6 条主线、4 条连接线、22 条支线、18 处城际交界面和 4 410km² 绿化缓冲区组成的绿道网络总体布局。其中六条主线连接广佛肇、深莞惠、珠中江三大都市区,串联 200 多处森林公园、自然保护区、风景名胜区、郊野公园、滨水公园和历史文化遗迹等发展节点,全长约 1 690 公里,直接服务人口约 2 565 万人。

绿道规划指引——珠三角绿道网络总体规划将绿道分为生态型、郊野型及都市型绿道三个类型。其中生态型绿道主要沿城市外围的自然溪谷、河流、海岸线及山脊线建设,控制宽度一般不小于 200m。郊野型绿道主要连接着城市建成区周边的田野、水体以及开敞绿地,通过步行栈道、登山道等休闲通道的形式,给人们提供了亲近自然、感受自然的休闲空间。控制宽度一般不小于 100m。都市型绿道主要建设在城市建成区内,连接城市公园、广场、人文景区以及城市道路两侧的绿地。都市型绿道控制宽度一般不少于 20m。

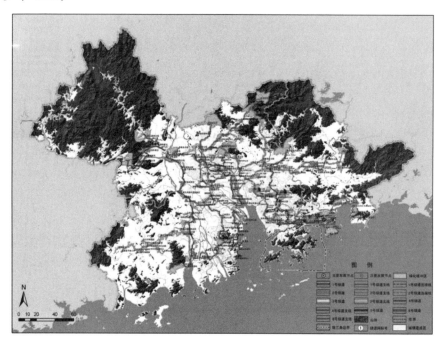

图 1 - 5　珠三角绿道规划布局

资料来源:《珠三角绿道网总体规划》,2010 年.

2) 城市蓝道

在关注生态廊道和绿道的同时,美国、荷兰等国亦开始关注城市水走廊,提出了蓝道的概念,并进行了相关建设探索。

美国的蓝道计划是由美国国家公园服务局（National Park Service）主管推动的国家计划，至今已有20多年历史，有一笔专属国家资金预算用于出资补助蓝道项目、宣传成功案例和进行美国州际之间的合作项目。根据其官方定义，蓝道是连接风景名胜、野营点、划艇运动区、环境保护区等设施或地点的水域集合体，具体形态包括河流、湖泊、运河和海岸线等。

3）生态廊道

生态廊道的概念直接来源于景观生态学中廊道的概念，是指具有保护生物多样性、过滤污染物、净化空气、防止水土流失、防风固沙、调控洪水等生态服务功能的廊道类型。生态廊道主要由植被、水体等生态性结构要素构成。其具有很多自然特征，是景观生态系统中物质能量及信息渗透的通道，是促进景观融合及多样性的重要类型；同时生态廊道也具有人工的特征，它使廊道的通道、屏障作用更快速有效地得到发挥。

建立生态廊道有助于连接分散的动植物生境，保护并提升生物多样性，改善现有生态环境。研究表明，生态廊道的宽度一般由需要保护的重点植物或动物种类来决定，一般宽度在20m以上。当廊道宽度在46～152m之间时，其生物多样性提升效益最显著。10m或数十米的宽度均可以满足鸟类的迁徙要求。哺乳动物迁徙廊道宽度需要几公里甚至是几十公里。

1.2.2 郊野公园

郊野公园的概念起源于英国，其发展体系十分完整，建设和管理水平最为成熟完善。牛津地理词典对郊野公园的解释为：具有野餐、徒步、骑车、垂钓等设施的乡村区域，能够为大众提供邻近城市享受郊野乡村的游憩机会。

基于国内外郊野公园的相关研究（详见表1-8），车生泉等对郊野公园给出了较为全面的定义，指出：郊野公园是位于城市近郊，在城市规划区之内，城市建设用地以外，以自然景观和乡村景观为主体，生态系统较稳定，由政府主导和财政投资，经科学保育和适度开发后具有少量基础设施，为周边城镇居民提供郊外游憩、休闲运动、科普教育等服务的公众开放性公园。

表 1 - 8　国内外郊野公园概念定义一览

定义者	区位	资源类型	功能/游憩内容	其　他
易澄	城市近、中、远郊较大面积的自然景观区域	原始状态的自然景观区域，介于城市公园和自然风景区之间的园林绿地	绿化圈层	—
刘海陵	城市郊区	具有良好的绿化及一定的服务设施	防止建成区无序蔓延；保护生态平衡；提供游憩环境；开展科普活动的场所	—
陈美兰	城市郊区	以自然景观或经过生态修复后的良好生态环境为主体	改善城市生态环境；保护生物多样性；提供休闲游憩；生产与培育；美化城市景观；抑制城市蔓延	由政府主导和财政投资；用地性质：城市建设用地以外
英国第一部乡村法	乡村地区	—	为广大游客提供游憩空间，保留乡村区域风貌	①易于机动车辆和行人可达；②提供了必需的基础设施，包括停车场、公厕等；③由法定机构或私人机构经营管理
英国朗文地理词典	—	约 10hm² 的一片土地(有时有水)	免费供公众使用，通常设有自然游步径，沿途设标志牌，提供动植物科普信息	面积约 10hm²，远小于国家公园
港澳大百科全书	远离市中心区的郊野	山林绿化地带	一个回归和欣赏大自然的广阔天地和游玩的好去处	—

（续表）

定义者	区位	资源类型	功能/游憩内容	其 他
旅游与游憩规划设计手册	城市边缘区	土地比较便宜，容易获得的地区	—	—
北京市绿地系统规划（2004—2020 年）	城市近郊区、建设区以外	区域性的绿色空间	控制城市无序蔓延，保持合理空间结构，统筹城乡发展；保护人文和自然资源、城市生态环境；提供休闲娱乐、观光场所	—

对郊野公园具有多种分类方法。从主体利用方式的角度考虑，可依据主要活动设施不同和主导游憩活动不同将郊野公园进行分类：游乐地区郊野公园、原野地区郊野公园等。从客体资源的角度考虑，可依据主要地貌特征不同、景观特色不同、旅游资源不同对郊野公园分成山地型郊野公园、平原型郊野公园等。具体的分类标准和分类结果见表 1-9。

表 1-9 郊野公园的分类

分类依据	类型	主要特征
主要活动设施不同	游乐地区	仅提供基础设施，野餐设施，多类型步行径，让游人休闲游乐
	原野地区	仅提供地域自然原貌，让郊游者前往登山、远足和欣赏自然景色之用
	特别地区	保护有研究价值的动植物的地区（或称自然保护区），以作为科研或教育之用

（续表）

分类依据	类型	主要特征
主导游憩活动不同	郊野游憩公园	主要是提供户外游憩的基本设施,举行特殊的节事活动
	郊野休闲公园	除了郊野游憩公园的基本活动外,这些公园还扩展了娱乐项目
	郊野运动公园	运动导向型,将标准运动场和大众化的游憩兴趣结合起来,为俱乐部活动、运动爱好者及其他类型的游憩使用者们提供了运动场地
	郊野自然公园	自然导向型,与基本的游憩公园相似,但使用密度较低,而且由一个延伸的自然区域支持
地表形态不同	山地型郊野公园	所提供的游憩项目依托山地地形,能够开展登山、自行车越野等活动
	平原型郊野公园	以平原地形为主,提供常规的郊野游憩项目
	江河型郊野公园	位于江河或溪流沿岸,除了常规游憩项目外,还能提供水上游憩项目
	湖泊型郊野公园	公园的游憩项目依托于大型天然湖泊或人工水库展开
	海滨型郊野公园	位于海边,提供3S旅游项目(沙滩、海水、阳光)
景观特色不同	森林公园	以森林风景取胜,山水风景一般,人文景观没有或很少
	海岸景观公园	以海岸风光为景观资源,提供3S旅游项目(沙滩、海水、阳光),还能为学习海洋生物提供条件
	湿地景观型	以湿地植物、水生植物和水景构成的湿地景致为主
	山水景观型	以奇山秀水为景观资源,森林景观一般
	田园风光景观型	以市郊的田园风光为主要景致,人文景观没有或者很少
	特殊地质景观型	具有特殊的地质地貌,并以此为主要的景观资源
	综合景观型	兼有多种景观资源
游憩资源不同	自然风光型	包括自然风景区、森林公园、自然保护区、田园山村等
	文化艺术型	包括历史文化遗址、古建园林、科技文化艺术博物馆等
	人工娱乐型	包括游乐场、主题公园等
	运动休闲型	包括运动场馆、度假村、会议中心等
	生产体验型	包括农田、菜圃、苗圃、温室大棚

1）英国郊野公园——城市与自然区域的游憩缓冲带

在英国,郊野公园是位于城市近郊、有良好的自然景观、郊野植被及田园风貌,并以休闲娱乐为目的的公园,现存大部分郊野公园都是英国政府在 20 世纪 70 年代根据《乡村法(Countryside Act 1968)》所划分出来的。其理念是为城镇居民提供一系列自然和体育活动,在相对低消费的基础上给予市民不同的服务和休闲机会,并支持许多方面的拓展:健康、社交、文化、运动、艺术、教育和终生的学习等。

表 1－10　英国郊野公园典型案例一览

名称	面积(hm²)	位置	活动类型	设施及景点
Carnfunnock 郊野公园	191	北爱尔兰安特立姆郡 Drains 湾	休闲观光、高尔夫、迷宫、自行车、科普教育、游乐活动(寻宝游戏)、家庭园艺、主题活动等	游步道、Cairndhu 滑道、游园、高尔夫球场(9 洞)、植物迷宫、农事体验区、科教点、综合服务中心等
Durlston 郊野公园	113	英格兰多塞特郡 Durlston	户外活动、野营野餐、自然教育及体验、郊野观光、主题活动等	包括游客中心、咖啡馆、步行小道、古堡、停车场野营区、各类商店、儿童游乐场等
Eglinton 郊野公园	400	苏格兰北埃尔郡 Kilwinning	马术、观光游览、水上活动、自然历史科教、自行车、户外探险等	Irvine New Town 步道(19km)、Stevenston 沙丘、Ardeer 采石场、Spier 绿地、游戏区(2011 年,埃尔郡第二大)、感官花园、游客中心等

（续表）

名称	面积（hm²）	位置	活动类型	设施及景点
Margam 郊野公园	340	威尔士 Margam	野营野餐、自然（鹿群）科普教育、休闲观光、游乐活动、农事体验等	拥有三大著名景点：Margam 修道院、Margam 城堡以及 18 世纪橘园，铁器时代营地、Margam 石头博物馆、预警雷达等景点；公园步道、农业步道、树木研习道等观光路径，游乐场、游客服务中心、展馆等综合服务设施

2）香港郊野公园

香港郊野公园是指由香港特区政府将市郊未开发地区的地方划出，作为康乐及保育用途的公园，地位与国家公园相若，其内多开展与自然有关的活动，如散步、远足、骑马、自行车越野、烧烤、野餐、露营等，以提供观光、娱乐、科普等活动为主，兼有休憩疗养地的功能，在毗邻城市的区位可开展城市公园内的游憩活动。香港特区政府在 1976 年制定《郊野公园条例》，并于同年 12 月 3 日划定首批 3 个郊野公园。目前全港已划定了 24 个郊野公园，连特别地区总面积达 44 300hm²，占香港约四成（39.98%）的土地面积。2013 年，郊野公园吸引了 1 140 万人次游客。

3）深圳郊野森林公园

为了缓解城市扩建带来的压力，及时保护森林资源及生态环境，毗邻香港的深圳市在看到其郊野公园建设的成功后，于 2002 年出台《深圳市绿地系统规划（2004—2020）》。

深圳从 2003 年开始，按照《深圳市绿地系统规划（2004—2020）》，在全市划定森林、郊野公园的建设控制区，启动了 21 个郊野公园的规划建设，包括：塘朗山郊野公园、梅林山郊野工程、马峦山郊野公园、银湖山郊野公园、布心山郊野公园等。

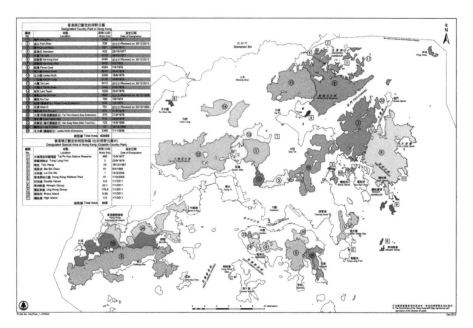

图 1 - 6　香港郊野公园分布（截至 2013 年）

资料来源：香港特别行政区政府，渔农自然护理署（https：//www.afcd.gov.hk/tc_chi/country/cou_vis/cou_vis_cou/cou_vis_cou_1.html）.

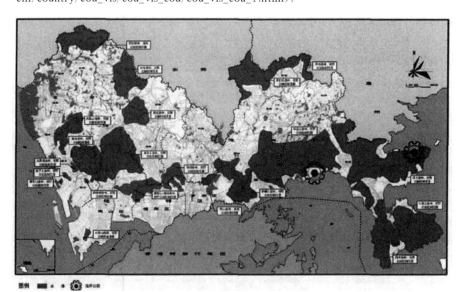

图 1 - 7　深圳郊野森林公园规划

资料来源：《深圳市绿地系统规划（2004—2020）》，2002 年.

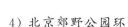

4）北京郊野公园环

2007 年，北京市政府做出了启动绿化隔离地区"郊野公园环"建设，明确提出要"围绕中心城以第一道绿化隔离地区形成公园环""建设成为具有游憩功能的景观绿化带和生态保护带"，成为市民休憩、健身的场所。其选址主要考虑以下几个因素：

（1）符合城市的总体规划与绿地系统规划。

（2）要有建设公园的基本条件。应选择风景资源优美的地带，用地土壤条件适宜园林植物的正常生长要求。在城市总体规划中，往往把不宜建筑地段、沙坑、废气地等划为公园用地，因此，这类用地应因地制宜，经过一定时间的生态改造修复之后建设成为公园。此外还需考虑公园与城市的交通可达性以及公园内的安全因素，如避免高压线区域等。

（3）需要有一定的规模。公园以自然景观为主体，并可提供开敞面积的游憩场地。

（4）有便捷的公共交通体系。郊野公园要服务于城市和当地的市民，只有提高城市交通的可达性，才便于市民周末前往休闲娱乐。

1.2.3　农业休闲观光园

随着城市的发展，城市周边的农业也随之发生变化。自 20 世纪五六十年代以来，都市农业日益得到人们的重视与关注。

日本农政经济学家桥本卓尔学说针对 60 年代以后，经济、社会、城市等发生的激烈变化，提出：①都市农业是都市内部及其周边地区的农村受城市膨胀的影响，或是在农村城市化进程中受席卷而形成的一种农业形态；②都市农业是被都市包容的、位于都市中的农业；③都市农业是最容易受城市扩张的影响，但又最容易受城市基础设施完备带来的益处，因此都市农业是双重意义上的"最前线"的农业；④都市农业是城市建设发展占地和居民住宅建设占地等同时并存、混杂、相嵌的农业；⑤都市农业如果放任自流就有灭亡的危险，因此都市农业是需要加以有计划保护的农业。

休闲观光农业的发展最早可追溯到 19 世纪 30 年代的意大利。作为现代社会的一项新兴产业，休闲观光农业始于二战后的欧美国家，之后在日本、以色列以及中国台湾等地区得以充分发展。早在 1865 年，意大利就成立了"农业与旅游全国协会",专门介绍城市居民到农村去体会农业野趣;20 世纪中后期,出现了以观光为职能的观光农园,使得观光内容日益丰富;20 世纪 80 年代以来,我国内陆开始建设农业休闲观光园。而随着人们旅游需求的转变以及对休闲的需求日益增大,农业观光园也相应地改变了其单纯观光的性质,扩展度假、劳作等功能。如日本的市民农园、农业公园和农村度假村,英国出现的农村公园等,这些观光农业公园为游客提供娱乐、休闲、度假设施,并为游客提供了参与农业劳动的活动。

综合对其概念的多种描述,农业休闲观光园是指在特定的区域内建立起来的以农业生产为背景,以农业、农村的自然资源和文化资源为载体,以城市居民为服务对象,围绕休闲观光、参与体验和科普教育等复合功能开发的各具特色的农业园区。

作为都市农业的典型表现形式,农业休闲观光园将城市农业生产与休闲观光有机结合,成为城市生态与休闲结合共生的重要空间载体。目前,休闲农业发展较好的为中国台湾和日本。

1)台湾宜兰县

宜兰县自 1995 年即开始进行休闲农业整体规划,配合政策辅导农民转型发展休闲农业,基础扎实、理念领先,其休闲农业发展在台湾一直是处于领先的位置。2001—2004 年台湾当局共投入了超过 23 亿元新台币推动休闲农渔园区计划,宜兰县 5 年间获得了超过 2 亿元的新台币资助。2004 年台湾休闲农业全年营业总收入超过 45 亿元,共接待游客约 4 913 万人次,平均每个农场年接待游客约 4.5 万人次。

宜兰县休闲农业有很多成功的多角化经营模式,体验活动和营运项目多种多样,其构成按层次可分休闲农业区、休闲农场和乡村民宿(休闲农家)等。

休闲农业区,由县市政府根据农业特色及丰富景观资源、生态及文化资产,制定休闲农业区规划。非都市土地最小申请面积为 50hm^2,都市土地则为 10hm^2。在台湾 71 个休闲农业区中,宜兰县与南投县的休闲农业区数量最多,各有 13 处。

表 1-11　宜兰县休闲农业区及其主导产品形态

休闲农业区名称	划定辅导单位	划定年度	主导产品形态					
			田园采果	花卉欣赏	自然生态	单车旅游	登山保健	品味美食
员山乡枕头山	员山乡农会	2000		✓		✓		
员山乡大湖底	大湖底休闲农业区推动管理委员会	2009					✓	
员山乡内城横山头	员山乡农会	2003			✓			✓
大同乡玉兰	三星地区农会	2001					✓	✓
冬山河	冬山乡农会、五结乡农会	2003				✓		✓
冬山乡大进	冬山乡公所、冬山乡农会	2006	✓					✓
冬山乡梅花湖	宜兰县政府	2004	✓		✓		✓	✓
冬山乡珍珠	冬山乡农会	2003			✓	✓		
冬山乡中山	冬山乡农会	2001	✓		✓	✓	✓	✓
礁溪乡时潮村	宜兰县政府	2004			✓			
罗东镇罗东溪	罗东镇农会	2003		✓	✓	✓		✓
三星乡天送埤	三星乡公所、三星地区农会	2003				✓		✓
壮围乡新南	宜兰大学	2004	✓		✓	✓		

休闲农场为个别经营休闲农业事业的私人农场。可分为两类:农业经营体验型农场,最小面积为 0.5hm² ,仅供农业经营体验;综合型农场,可提供农业经营体验与游客休憩服务的休闲农场,当其位于平地或山坡地的都市土地上时面积为 3hm² 以上,位于山坡地的非都市土地上时,其面积为 10hm² 以上。目前宜兰县共有 69 家休闲农场。

按台湾"一乡镇一农渔园区"农业政策,允许开放休闲农场和休闲农业区内农舍经营民宿。目前,宜兰县的合法民宿共有 577 家。

宜兰县休闲农业发展的成功得益于五方面的大力支持:一是政府相关部门的大力推动,通过制订政策扶持台湾休闲观光农业的发展;二是健全的法制,即不断完善政策法规体系,实行规范化管理;三是合理的规划布局,解决品牌定位趋同化的问题;四是经营理念的不断改进和创新,加强休闲观光农业产品的开发力度;五是大力推行社区经营的理念,整合农场、农园、民宿或所有景点,使其由点连成线,再扩大成面,最后以策略联盟方式构成带状休闲农业园区,并适时开展以策略联盟方式结合的"社区"理念来推动各项工作。

2)日本

日本是世界上最早开办农业休闲观光园的国家之一,目前正朝着绿色休闲与体验型农业方向进行演进。其农业休闲观光园可以分为农林业公园型、饮食文化型、农村景观观赏和山野居住型、终生学习型四大类型。

北海道是日本观光休闲农业最发达的地区之一,2000 年制定的以建设具有活力的农村为主旨的"第三次北海道长期综合发展战略",试图发展绿色旅游休闲农业来进一步加强城乡交流与互动,从而实现农业经营多元化战略。为保证该规划如期实现,政府于 2001 年开始连续出台一系列休闲农业规划。政府的支持收效十分明显,如位于北海道富良野的富田农场,以旅游业代替了本来并不盈利的薰衣草种植业,发展薰衣草观光农园,受到游客的青睐。另外,北海道休闲观光农业突出特色且内容丰富,体验性较强。北海道的箱根牧场、町村牧场、牧家牧场都全面使用有机方式栽培农作物及驯养畜牛。不同的季节可以体验到不同的农作物收获、可以学习奶牛和牛奶的相关知识、亲自挤牛奶、制作奶油冰激凌等奶制品,有的牧场还为游客提供烧烤服务。

北海道的农业休闲观光每年接待几百万游客,旅游者在农园中玩赏一日大约需花费6～7千日元至2～3万日元不等,居住三五日则需2万至10万日元。数据显示,2006年时,北海道旅游休闲农业总收入已达244亿日元(17亿元人民币),带动本地域其他企业增收553亿日元(39亿元人民币),对本地域经济总贡献份额占到71.3%。表1-12为北海道主要的农业休闲观光园。

表 1 - 12 北海道主要休闲农业园概况

名称	位置	特色
札幌乡乐园	札幌	美食手工体验
箱根牧场	千岁	体验特色牧场生活、亲子活动
渡边体验牧场	川上郡	特色体验室、烧烤室
友梦牧场	上川郡	牛乳特色体验、亲子游戏
富良野自然体验村	富良野	美食手工体验、美景
北海道林产试验场	旭川	林场生活体验、趣味活动
富良野奶酪工房	富良野	奶酪特色体验
富良野香草山坡	富良野	绚烂花海、露天云海
EZOPPU LAND 柴田屋	道央	温泉体验
北西之丘展望台	上川郡	薰衣草、向日葵等众多花海
富田花园农场	富良野	绚烂花海、露天云海
香草体验实习馆	富良野	特色香草体验
协业民艺·体验中心	道央	趣味农事体验

1.3 总结与借鉴

1) 针对城市现状,构建上海城市公共开放空间体系

每个城市都有各自的特点,在进行上海城市公共开放空间的相关研究时,最重要的就是从上海的实际情况出发,借鉴国内外其他城市对公共开放

空间的分类与体系建设、构建上海建成区与市域生态空间公共开放空间体系。

2）维护空间体系的整体性，综合利用各种公共开放空间

由纽约、芝加哥、新加坡等城市公共开放空间体系来看，公共开放空间是具有不同空间类型的有机整体。既包括点面状的功能节点，亦含有线状的连接空间，同时还应包含有大型的生态空间。在规划、建设与管理中，需从整体着眼，维护空间体系的完整性，确保不同类型空间之间相互联系、相互融合，进而构成完整的城市公共开放空间体系。

3）关注使用者的休闲游憩需求，规划建设中引入公众参与机制

公共开放空间的自身特性决定了在对其进行相关研究和规划建设时必须关注使用者，即城市居民的使用实际和休闲游憩需求。通过引入公众的参与机制，充分了解使用者的需求，将休闲需求与空间规划和研究结合，是新时期公共开放空间建设的有效途径。

4）反映城市特点，构建具有上海特色的城市公共开放空间

国外城市根据自身公共开放空间现状，构建了具有自身特色的空间体系，如墨尔本针对自身没有广场以及城市街道丰富的现状，积极开展城市街道公共开放空间的布局与优化，构建了富有自身特色的城市开放空间体系。

上海在进行城市公共开放空间构建时，也应注重对自身现状的梳理与特色的挖掘，进而采取有针对性的规划、管理手段，构建富有上海特色的城市公共开放空间。

第 2 章 上海公共开放空间和 休闲活动网络体系构建

以上海城市公共开放空间及其休闲活动现状为基础,参考国内外研究和规划设计案例中公共开放空间体系构建成果,结合实地考察调研与专家访谈讨论,构建上海城市公共开放空间体系和休闲活动网络体系。

2.1 上海公共开放空间分类体系构建的方法与原则

1) 分类体系构建的原则

(1) 符合上海现状:构建符合上海城市公共开放空间现状的公共开放空间分类体系。

(2) 遵循城市规划相关规范的要求:体系构建参考并遵循《城市用地分类与规划建设用地标_GB 50137—2011》《城市绿地分类标准_CJJ/T85—2017》《城市道路工程设计规范_CJJ 37—2012》《公园设计规范_CJJ 48—92》《上海市道路人行道设计指南 SZ-50—2006》等国家和地方标准中关于公共开放空间相关类型的描述与界定。

(3) 涵盖上海城市公共开放空间各种类型:分类体系划分城市建成区公共开放空间与市域生态空间两个子系统,全面涵盖上海现存的、符合公共开放空间界定条件的空间类型。

2) 公共开放空间分类体系构建的方法和过程

(1) 参考上海实际情况和国内外相关案例,初步设计分类方案。

(2) 选取合适样点对初步方案进行第一次校正。分别于 2014 年 7 月初对徐家汇和松江方松样点进行了预调研,通过调研数据,校准了初步方案。

（3）专家访谈，分类方案二次修正。分别走访了静安区、闵行区园林绿化部门相关专家与领导，听取了修改意见；同时，组织课题组内部专家对体系构建进行了讨论。

（4）样点调研，类型查漏补缺。于 2014 年 7、8 月对上海城市公共开放空间进行了样点调研，补充并校准了二次方案，最终形成较为符合上海现状的城市公共开放空间分类体系。

2.2　上海公共开放空间分类体系构建

参考国内外案例分析，结合上海市公共开放空间实际调研情况，将上海市公共开放空间划分为城市建成区公共开放空间和市域开敞空间两大系统（如图 2 - 1 所示）。

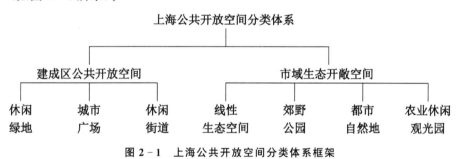

图 2 - 1　上海公共开放空间分类体系框架

其中，城市建成区公共开放空间系统主要分为休闲绿地、城市广场、休闲街道 3 大类型，包含综合及专类公园、社区公园、游园、开放性附属绿地、游憩集会广场、交通广场、附属广场、商业休闲型街道、生态休闲型街道、文化休闲型街道、复合型街道 11 小类。

市域生态开敞空间分为线性生态空间、郊野公园、都市自然地、农业休闲观光园 4 个大类，包含绿道、蓝道、生态廊道、郊野综合公园、郊野森林公园、生态保护区、自然生态林、特色种养型休闲观光园、农业胜景型休闲观光园、科技示范型休闲观光园，共 10 小类。

2.2.1　城市建成区公共开放空间

以上海城市建成区公共开放空间现状类型为基础，通过国内外相关案例分析与样点实地调研校准,将建成区公共开放空间分为 3 大类,共计 11 小类。具体分类如图 2 - 2 所示。

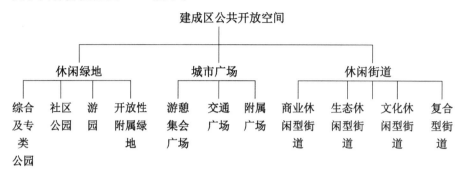

图 2 - 2　上海建成区公共开放空间分类

1) 休闲绿地

城市休闲绿地是指城市中向公众开放的、以游憩为主要功能,有一定的游憩设施和服务设施,同时兼有健全生态、美化景观、防灾减灾等综合作用的绿色空间。

休闲绿地以城市公园为主,规模不一,是城市建设用地、城市绿地系统和城市市政公用设施的重要组成部分,是展示城市整体环境水平和居民生活质量的一项重要指标。目前,《公园设计规范_CJJ 48 - 92》规定各种公园绿地中植物的种植面积不小于 65%,其中综合性文化游憩公园、综合性动物园、其他各种专类公园不小于 70%,综合性植物园及风景名胜区不小于 85%。

根据规模、等级的不同可将休闲绿地分为综合及专类公园、社区公园、游园以及开放性附属绿地 4 个类型。

(1) 综合及专类公园:具有较大的规模和服务半径,具有丰富的内容(或具有特定内容及形式),配备有相应设施,为市域范围内所有或较大区域内的城市居民和游客提供服务,是适合于公众开展各类户外活动的公园绿地。包括城市综合型公园及位于城市建成区的,服务城市居民和游客的动物园、植物园、游乐园等专类公园绿地。

(2) 社区级公园:指主要为一定居住用地范围内的居民服务,具有一定活动内容、设施和场地的集中绿地。其规模一般小于市区级公园,服务半径一般为 0.5～1km 左右。

（3）游园：指有一定的服务设施和活动空间，方便居民就近进入的规模较小或形状多样的公园绿地。

（4）开放性附属绿地：附属绿地是城市建设用地中绿地之外各类用地中的附属绿化用地。开放性附属绿地属于附属绿地，指非独立设置的、附属于市政部门、商场、宾馆等单位，具有一定规模和相应的服务设施与活动场地，常规时间对市民开放，方便城市居民、游客开展相应休闲活动的绿地，是具有公园性质与功能的城市绿地。

2）城市广场

城市广场是指为满足多种城市社会生活需要而建设的，以建筑、道路、山水、地形等进行围合，由多种软、硬质景观构成的，采用步行交通手段，具有一定的规模的节点型城市户外公共开放空间。

按照广场的主要功能、用途、用地性质及在城市交通系统中所处的位置，可将城市广场分为游憩集会广场、交通广场和附属广场 3 个类型。其中，游憩集会广场和交通广场地块一般独立设置。

（1）游憩集会广场：独立设置的、具有一定的规模和服务设施，以为城市居民游憩、纪念、演出、集会及举行各种娱乐活动提供服务为主要功能的城市广场。

（2）交通广场：由道路交汇围合成或位于建筑物前主要用于人流疏散等交通目的的大面积开敞空间。

（3）附属广场：指非独立设置的、依附于商场、餐饮及各类文化娱乐设施（图书馆、博物馆等）和政府部门、学校等单位机构，具有一定的活动场地和服务设施，适于开展各类商业、文化活动，服务于城市居民日常生活的城市广场。其中，以商业附属广场最为常见。

3）休闲街道

休闲街道指在城市建成区范围内，依托于城市道路，全部或大部分地段两侧建有各式建筑物或绿化景观，布置有各种市政公用设施并具有一定人行空间宽度，可供居民、游人开展休闲活动的线性公共开放空间。

结合上海城市休闲街道类型现状，限定休闲街道人行空间宽度，按以下标准执行:中心城、老城区不低于 2.5m,新城区、新市镇区域不低于 3m;特殊情况下,如历史建筑周边、两侧有特殊景观等,应保证人行空间宽度不低于 2m;商业文化中心区、大型商业综合体或大型公共文化机构集中路段人行空间宽度应不低于 5m。

根据休闲街道构成要素、景观类型等的不同,可以将休闲街道分为商业型街道、生态休闲型街道、文化休闲型街道及复合型街道 4 类。

(1) 商业休闲型街道:指道路一侧或两侧具有大量的商业界面(以购物、餐饮、娱乐等业态为主),以商业服务为主要的游憩内容,主要满足居民或旅游者购物、餐饮、娱乐等休闲需求的城市线性公共活动空间,如南京路步行街等。

(2) 生态休闲型街道:指街道周边具有较高的林荫覆盖,道路周边以园林、绿地为主要景观,以绿地景观观赏、游憩为主要活动内容的街道空间,如衡山路等。生态休闲型街道中"商业界面数量要有限"的界定:以街道立面为依据,商业界面所占比例不超过 50%。

(3) 文化休闲型街道:位于城市历史文化保护区,周边以历史建筑为景观主体或其他具有地域特色和历史、文化风韵的线性空间或是以文化创意产业为主要业态类型的街道空间。

(4) 复合型街道:商业、生态、文化两种或多种功能复合的街道空间。

2.2.2　市域生态开敞空间

参考国内外城市对市域生态开敞空间的分类,基于上海现状,将上海市域生态开敞空间分为以下 4 大类,共计 10 小类。具体分类如图 2-3 所示。

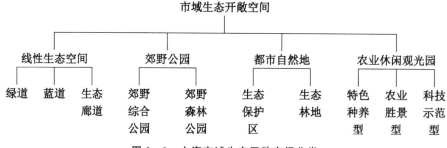

图 2-3　上海市域生态开敞空间分类

1）线性生态空间

城市线性生态空间是指位于市域范围内,通常沿着河流、溪谷、风景道路等自然及人工廊道建立,空间形态呈线状或带状,具有空间连接、休闲娱乐、生态防护、生物保育等不同功能的绿色开敞空间。

依托上海城市线性生态空间的规划建设实际,根据等级、规模、构成要素的不同,可将上海城市线性生态空间分为绿道、蓝道、生态廊道 3 个类型。

（1）绿道:指沿河流、风景道路等线状空间设置,具有串联功能（连接区域主要生态空间节点、公园、历史文化古迹、城乡居住区等）,同时可供人们开展多种陆上休闲活动,发挥重要休闲游憩功能的线性生态开敞空间。

根据上海绿道周边的主要景观资源类型的不同,又可以将其分为滨水道、森林道以及田野道等类型。其中,滨水道为设置在海滨、江河等水系一侧,能够观赏滨水景观的绿道;森林道为两侧景观为森林或绿化风景林带为主的绿道;田野道为以农田景观为主要构成要素形成的周边景观的绿道。

（2）蓝道:指河流、湖泊、运河和海岸线等水域空间为主体,辅以一定宽度的滨水绿带（蓝线范围内）或陆域节点空间（滨水广场、码头等）形成的具有休闲游憩功能（滨水观光、水上休闲活动为主）、空间串联功能（连接沿水系分布的郊野公园、森林公园等区域生态开敞空间节点、滨水风景名胜区等）的开放性活动空间。

（3）生态廊道:景观生态学中,廊道是指不同于两侧基质的线状或带状的狭长景观单元,具有通道和阻隔的双重作用。城市生态廊道是指以保护生物多样性、过滤污染物、防止水土流失、防风固沙、调控洪水等生态服务功能为主,并在适当情况下可提供必要休闲游憩服务的廊道类型。

绿道、蓝道、生态廊道三者既有区别,又有着紧密的联系。三者的区别主要体现在用地构成与主体功能两个方面。用地构成上,绿道主要以陆上空间为主体,形成具有一定宽度和长度的绿带;蓝道则以水域空间为主,辅以必要的陆上空间;生态廊道具有较大的规模,土地类型更为多元,通常以森林、水体、草地等自然生态空间为主体。主体功能方面,绿道与蓝道是以发挥休闲功能为主要目标建设的城市线性生态空间,而生态廊道则更多地倾向于发挥其生态防护（防止水土流失、防风固沙、调控洪水、环境净化等）

和生态保育等功能。

三者有所区别,但又相互融合,共同形成完整的城市线性生态空间系统。如图 2-4 所示,三者相互交叉,形成了 7 类具有不同特点的线性空间。

类型 1 主要沿城市道路等人工廊道形成,具有一定规模绿带空间,能够开展相关陆上休闲活动的绿道;类型 2 以河流等水域空间为主体形成的休闲蓝道;类型 3 则是更多地强调生态防护与生物保育功能的生态廊道,其内部限制相关开发建设,一般不强调休闲功能的发挥,个别情况下审核限制居民进入;类型 4 为绿道与蓝道的融合,现实中常表现为以具有一定规模人工绿化景观的滨水休闲空间,以发挥休闲功能为主体功能;类型 5 为绿道与生态廊道的融合,其有较好的生态功能,亦可作为开展相关休闲活动的空间载体;类型 6 与类型 5 相似,生态功能与休闲功能并重,但空间上表现为水域廊道;类型 7 为三者相互融合的空间类型,其既有一定宽度的陆上绿带,又包含水域空间,适于开展休闲活动的同时,亦注重生态功能的发挥。

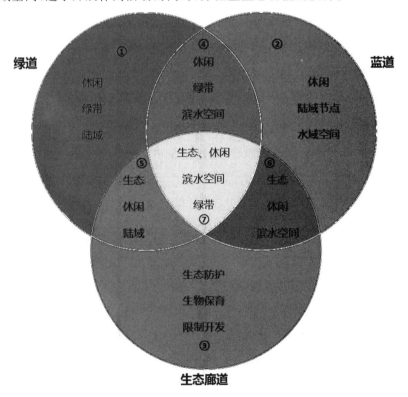

图 2-4　绿道、蓝道、生态廊道关系示意

2）郊野公园

郊野公园是指位于城市建成区之外或边缘（近郊或远郊），以自然景观为主体，经科学保育和适度开发后具有少量基础设施，为周边城镇居民提供郊外游憩、休闲运动、科普教育等服务的大型公众开放性公园。其大多位于城市近郊或远郊，规模大于一般的城市公园。

经过多年的规划建设、探索与研究实践，上海形成了以郊野综合公园和郊野森林公园为主的郊野公园系统。郊野公园是上海城市生态建设的重要空间载体，是具有上海城市发展特色的市域生态开敞空间类型，代表着上海不同时期城市生态建设的探索方向，同时亦是上海未来城市生态与休闲结合发展的重要基点。

（1）郊野综合公园：以自然、半自然景观和乡村（农田）景观、森林景观、河湖景观等两种以上景观类型为主体，具有生态保育、旅游休闲、农业生产等综合功能的生态开敞空间，为城市居民提供环境保育、休闲游憩、康体娱乐、农事参与、自然教育等服务。郊野综合公园规模较大，一般大于 $10 km^2$。

根据内部景观构成要素的不同，上海郊野综合公园还可以分为田园风光型（以农田、乡村聚落为主要景观资源）、湖泊湿地型（以湖泊水体、湿地为主要景观资源）等不同类型。

（2）郊野森林公园：以自然环境为依托，以大面积人工风景林或天然林为主体而建设的，具有优美的景色和科学教育、游览休息价值，为人们提供旅游、观光、休闲和科学教育活动的大型开放性自然生态公园。

3）都市自然地

上海市域范围内现存保持自然风貌、具有特殊资源价值禀赋、以保护和有限利用为主的生态空间类型，在具有生态资源价值的同时，也为城市居民亲近自然、感受自然提供了机会与场所。如湿地公园、水源保护区等具有特殊资源禀赋的生态功能区；人工营造的、呈现出自然、近自然风貌的片林、绿带。本研究将此类生态空间统称为"都市自然地"，其与森林公园、风景名胜区、城市公园、香港郊野公园、美国国家公园等相关类型生态空间的概念对比见表 2-1。都市自然地是指在市域范围内，具有一定规模和质量的自然生态资源，以自然或半自然生态系统为核心景观，能够保护自然资源、提升城市环境、促进人与自然和谐发展,具有具有一定生态、科研、休闲价值的生态开敞空间。

表 2 - 1　都市自然地与相似生态空间概念对比

类别	功能	景观特色	经营内容	位置
都市自然地	资源保护、科学研究及普及、休闲游憩活动	自然景观为主	自然/近自然景观的观赏与保护,适当的休闲娱乐	远郊近郊
城市公园	公众娱乐、休闲	人工景观	娱乐与休息	市区
森林公园	娱乐、疗养、科学考察及普及	自然景观为主	自然景观/人文景观的观赏,娱乐、休疗养、森林经营	城郊
风景名胜区	资源保护、休闲旅游	人文景观为主或人文/自然景观并存	人文景观/自然景观的观赏、娱乐	远郊近郊
郊野公园	资源保护、市民休闲、生态旅游	自然景观为主辅以人工景观	自然景观/人文景观的观赏与保护,娱乐与休息	城郊
国家公园(美国)	资源保护科学研究及普及	自然景观为主辅以人工景观	自然景观/人文景观的观赏与保护	远郊

4) 农业休闲观光园

农业休闲观光园指利用田园景观、自然生态及环境等资源,通过规划设计和开发利用,结合农林牧渔生产与经营活动、农村文化及农家生活,提供人们各类农事休闲活动,能够增进居民对农业和农村的体验,具有休闲娱乐、旅游观光、科研教育和创新示范等功能的生态开敞空间。

上海城市周边已形成较为成熟的农业休闲观光园体系,根据功能及开发模式的不同,可将农业休闲观光园分为以下 3 个类型:

(1)特色种养型:以农业生产功能为主体,同时能够让游客获得充分的农业事务参与式体验,主要提供农作物采摘、购置、品尝、农事体验、观光游乐等活动的农业休闲观光园。

(2)农业胜景型:利用田园景观、自然生态及环境资源,突出区域观光及休闲娱乐功能,主要为游客提供农业景观观光、餐饮、住宿、娱乐等活动的农业休闲观光园。

(3)科技示范型:以农业科技、区域农业文化为依托,采用高新技术生产手段和管理方式,兼顾农业生产与科普教育功能,主要为游客提供农业生产知识科普、农业技术示范、特色植物展示、农业文化展示等活动的农业休闲观光园。

2.2.3　城市公共开放空间分类体系与城市规划其他分类对比

为便于与现状规划体系对接,参考《城市用地分类与规划建设用地标准_GB 50137—2011》与《城市绿地分类标准_CJJT/85—2017》,将公共开放空间分类体系与城市规划用地分类和绿地系统规划用地分类进行了对比,详见表 2-2。

表 2-2　公共开放空间体系分类与城规其他分类对照

公共开放空间类型体系			城市建设用地分类		绿地系统规划用地分类	
大类	主要类型	细分小类	相关类型	代码	相关类型	代码
建成区公共开放空间	休闲绿地	综合及专类公园	公园绿地	G1	综合公园	G11
					专类公园	G13
		社区级公园			社区公园	G12
		游园			游园	G14
		开放性附属绿地	各类可建设附属绿地的用地类型	—	居住附属绿地	RG
					公共设施绿地	AG
					商业设施绿地	BG
	城市广场	游憩集会广场	广场用地	G3	广场用地 道路绿地 (交通岛、交通广场绿地)	G3 SG
		交通广场				
		附属广场	各类可建设附属广场的用地类型	—		
	休闲街道	商业休闲型	城市道路用地 防护绿地	S1 G2	防护绿地 (道路防护绿地)	G2 SG
		生态休闲型				
		文化休闲型				
		复合型				

公共开放空间类型体系			城市建设用地分类		绿地系统规划用地分类	
大类	主要类型	细分小类	相关类型	代码	相关类型	代码
市域生态开敞空间	农业休闲观光园	特色种养型	水域	E1	生产绿地 防护绿地 （组团隔离带） 其他绿地	G2 EG
		农业胜景型	农林用地	E2		
		科技示范型	村庄建设用地	H14		
	郊野公园	郊野综合公园	水域	E1		
			农林用地	E2		
		郊野森林公园	村庄建设用地	H14		
			独立建设用地	H15		
	都市自然地	生态保护区	水域	E1		
		生态林地	农林用地	E2		
	线性生态空间	绿道	水域	E1		
		蓝道	农林用地	E2		
		生态廊道	水域	E1		
			农林用地	E2		
			城乡居民点建设用地	H1		

2.3　公共开放空间休闲活动网络

2.3.1　公共开放空间休闲活动网络

　　网络由节点和连线构成，表示诸对象及其相互联系。公共开放空间休闲活动网络指休闲时间、休闲活动类型、休闲场所（空间）等与公共开放空间休闲活动相关的各要素之间相互联系构成的系统。公共开放空间休闲活动网络应包括以下两个方面。

　　"时间—空间"网络，即指城市居民休闲时间与不同尺度和类型的公共开放空间所形成的对应关系。华东师范大学的楼嘉军教授等指出休闲时间的长短会影响人们对休闲空间的选择，如工作日城市居民休闲时间较短，更多利用的是居住地周边的公共开放空间；而节假日，随着休闲时间的增加，人们的活动范围也随之扩大。中国人民大学的王琪延教授在其《中国人的生活时间分配》和《北京市居民生活时间分配》两本专著中也指出居民休息日比工作日休闲时间多近个半小时,中年人的闲暇时间最少,老年人的闲暇时间最多等相关理论。

"行为—空间"网络。不同的休闲活动类型往往发生在一定的场所与空间内,"行为—空间"网络即不同类型的休闲活动与休闲空间类型之间的相互联系。北京大学的柴彦威教授以兰州、深圳、天津和大连等城市的研究为实例,总结了不同城市居民的休闲活动类型、节奏与空间分布特征,分析了不同公共开放空间类型的空间分布的居民休闲活动利用的影响。

2.3.2　上海公共开放空间休闲活动网络

根据上海城市休闲现状及样点行为观察相关发现,构建上海公共开放空间休闲活动"时间—空间"网络与"行为—空间"网络。

1)"时间—空间"网络

按照城市休闲现状及调研,构建上海公共开放空间休闲活动时空网络如图 2-5 所示。根据问卷数据显示,上海城市居民工作日每日休闲时间在1~3 小时内的人数高达 77.5%,而由于休闲时间的限制,工作日居民开展休闲活动的空间多集中于居住地周边的公园、广场、街道等社区公共开放空间;到了周末,居民拥有 1~2 天的时间,休闲空间范围扩大,主要利用的空间以社区/城市大型公共开放空间为主,而市域生态开敞空间亦受关注;而到法定假日等长假时,居民享有长时间的休假,休闲时间进一步增长,休闲空间范围亦扩大,域外旅游亦成为部分居民的休闲选择。

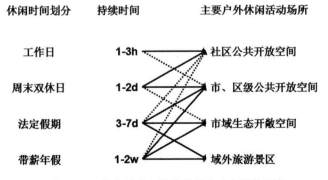

图 2-5　公共开放空间休闲活动时空网络示意

2)"行为—空间"网络

根据样点调研相关结果,基于上海城市休闲活动现状,构建上海公共开放空间活动分类体系;同时,根据样点行为观察,将不同类型活动与公共开放空间类型相对应,形成上海建成区公共开放空间休闲活动"行为—空间"网络体系。

(1)公共开放空间休闲活动体系。

按照公共开放空间休闲活动的形式,可将相关活动分为体育健身类、生活怡情类、娱乐消遣类、游览观光类和社会活动5个大类,约11个小类,包含30余种常见的公共开放空间休闲活动类型,具体分类如表2-3所示。

表 2 - 3　公共开放空间休闲活动分类体系

活动大类	细分小类	休闲活动项目
体育健身类	常规体育活动	跑步、健身操、球类、舞蹈、体育器材活动
	传统健身活动	武术太极、放风筝、踢毽子、抖空竹
	时尚体育活动	自行车(小轮车)、轮滑滑板
生活怡情类	亲子宠物	带小孩、玩耍嬉戏、宠物遛弯、动物喂食(鱼、鸽子等)
	业余爱好	摄影拍照、书法绘画、棋牌活动、垂钓、乐器演奏、戏曲唱歌、读书看报
娱乐消遣类	闲逛闲聊	散步、逛街购物、聊天交流
	定点活动	游乐场娱乐活动、户外休闲餐饮、户外商业活动
游览观光类	市区游览	游览城市公园、广场、动物园、植物园、游乐园等
	郊野观光	游览农业休闲观光园、郊野公园、森林公园、湿地公园等
社会活动	公益活动	户外志愿者活动等
	自发活动	宗教集会等

(2)休闲活动"行为—空间"网络体系。

参考样点行为观察数据,整理得出跑步散步、球类活动等上海城市公共开放空间常见休闲活动类型14类,根据各类活动所表现出的设施和场所需求和场所所依附的公共开放空间类型,构建休闲活动行为和休闲空间对应的关系网络体系,具体如表 2 - 4 所示。

表 2 - 4　休闲活动与空间对应一览

编号	休闲活动	活动的设施、场所需求	场所依附公共开放空间类型
1	跑步、散步	林荫道、游步道,跑道 街道人行空间	市区级公园和社区级公园 商业/生态休闲型街道
2	聊天	休闲停留驻足节点 (亭廊、座椅、林下 等)、休闲步行空间	市区/社区级公园、游园 集会游憩广场、附属广场 各类休闲街道
3	群体体育健身活动 (武术太极、健身 操、广场舞等)	硬质铺装广场、空地 林下开敞空间 有一定宽度的步行 空间	市区级公园和社区级公园 集会游憩广场、规模较大的附属 广场 有一定规模的休闲街道
4	个体体育健身活动 (风筝、空竹、自行 车、轮滑等)	硬质铺装广场、空地 开敞草地	市区级公园和社区级公园 集会游憩广场、规模较大的附属 广场
5	球类活动	具备设施的运动场地 有一定规模的草地	市区级公园和社区级公园 集会游憩广场、规模较大的附属 广场
6	体育器材活动	有体育器械布置的 场地	社区级公园、游园 布置有体育器械的广场
7	亲子活动(带小孩、 嬉戏玩耍)与宠物 休闲(遛弯、喂食)	儿童活动空间、草地 硬质铺装广场、空地 休闲街区、游步道	市区/社区级公园、游园和活动 绿地 集会游憩广场、附属(商业/休闲) 广场、居住地周边的各类休闲 街道
8	商业休闲活动 (户外餐饮、逛街购 物等)	商业街区、商业广场 商户室外营业空间	商业休闲型街道 附属(商业)广场 市区级公园局部区域

（续表）

编号	休闲活动	活动的设施、场所需求	场所依附公共开放空间类型
9	社会公益活动（献血、志愿者等）	街头空地 硬质铺装广场	集会游憩广场、规模较大的附属广场 市区/社区级公园 人流较多的商业休闲型街道
10	观光游览与摄影拍照	具有优美景观和特色游览点的地方	市区/社区级公园、农业休闲观光园 郊野森林/综合公园、生态保护区 商业/文化/生态/复合型休闲街道
11	游乐活动	具有相关设施的游乐场地	市区级公园（专门的游乐园或公园中有游乐场）
12	垂钓	湖畔、河边、池塘周围	市区/社区级公园（有水系） 生态休闲型街道（滨水绿道）
13	棋牌书画（棋牌、书画、读书看报等）	休闲停留驻足节点（亭廊、座椅、林下等）	市区/社区级公园、游园（主要） 集会游憩广场、附属广场
14	音乐休闲（乐器演奏、唱歌曲艺）	休闲停留驻足节点（亭廊、座椅、林下等）	市区/社区级公园、游园

由表2-4可知,城市公园是城市居民休闲最为依赖的公共开放空间类型,几乎所有常见的休闲活动类型均可以在公园中很好地开展。而广场和休闲街道,作为重要的公共开放空间类型,有着与公园截然不同的空间属性与功能类型。三者相辅相成,共同形成了城市最为基础的公共开放空间体系。

第3章　上海市建成区公共开放空间现状分析

本章结合上海城市空间的实际情况,选择建成区范围内的调查样点,通过调查分析样点内部公共开放空间的布局及其类型构成特征,总结并对比上海建成区公共开放空间的典型模式。

3.1　样点选择与调研方法

3.1.1　样点选择标准

根据上海城市建设发展史,近代以来,上海经历了开埠殖民统治、社会主义工业化和改革开放大发展三大变革转折。特殊的历史背景决定了上海城市形态、社会形态的多元与杂糅。从"历史—空间—社会"的三重视角来综合比较分析所选取的样点,确立样点选择的标准。

1)城市空间圈层式划分

根据城市整体结构功能特征,由中心向外延伸,将上海城市空间划分为五大空间地域:城市中心、城市副中心、中心城区、近郊城区、中远郊地区。

城市中心:城市政治、经济、文化的复合核心区,具有典型的风貌特色与象征意义,人民广场是上海的城市中心。

城市副中心:与城市中心在空间上相呼应,功能上相补充,同时又有相对独立性的城市次级经济商业中心,上海市四大城市副中心为徐家汇、五角场、花木、真如。

中心城区:根据上海城乡规划管理条例,上海市中心城区范围由总体规划确定,现行规划规定为外环线(A20 外环城高速路)以内的区域,面积约

660 平方公里。

近郊城区：中心城区边缘的集中城市用地，上海市近郊城区的范围是 A20 外环以外，A30 高速、沈海高速、申嘉湖高速圈以内的环状区域。

中远郊地区：远离中心城区、具有相对独立城市结构功能的集中建设用地，上海市中远郊地区的范围是 A30 绕城高速以内，A30 高速、沈海高速、申嘉湖高速圈以外的环状区域。

2）形成时期与类型特色

样点的形成时期和其空间类型特色有着紧密的联系。上海城市发展的重要时期及该时期形成的特色空间类型分析如下。

1949 年前：1843 年开埠以后，租界的开辟，使上海城市内部逐渐出现两个相对独立的区域——租界城区和华界城区。租界城区的迅猛发展和繁荣，逐渐取代原来的城市区域，成为整个上海的标志、象征。上海租界，从 1845 年 11 月设立开始，至 1943 年 8 月结束，历时近百年。租界区内采用西方的城市规划标准来建设市政交通，地产业繁荣发展，建筑形式上呈现西方各国特色，并出现了创新的中西结合建筑；同时，租界内休闲娱乐场所众多。

租界出现后，上海城市史中亦出现"老城厢"这一特定的地域概念。上海老城厢已有 700 多年历史，位于上海城东南，由弯曲的人民路、中华路围成，占地约 200 公顷。它是上海城的起源地，而且从元、明、清到民国初年，一直是上海的政治、经济、文化中心，也是上海人口最稠密的地区。其内部文物古迹众多，名园、名人住宅、会馆、公所集中，除了著名的豫园、老城隍庙、老城墙大境阁等，还有徐光启故居、书隐楼等一批古迹遗址。

1949 年后：1949 新中国成立，上海将工业化作为经济发展的主要目标。为改善城市工人家庭住房短缺的问题，上海市提出建设"工人新村"。以 1952 年第一个工人新村（曹杨新村）的建立为起点，到 1978 年间，工人住宅始终是上海城市住房建设的主体。

改革开放以后，随着国家经济制度的改革，上海由过去的"工业生产型城市"向"商业贸易型都市"方向发展。90 年代浦东新区的开放开发，极大地刺激了这座沉睡多年的"远东第一都会"，黄浦江两岸同时发生着历史性的巨变，整个上海以前所未有的速度向开放型、国际化、服务功能齐备的经济大都市快速迈进。在这样的政治、经济、社会背景下,上海城镇空间结构发生了巨大变化,城市中心的范围在不断扩张,城镇体系结构也不断调整,在21世纪初期,初步确定了由"中心城—新城—中心镇—集镇"四级城镇中心组成的城镇体系及中心村共五个层次。

3.1.2　样点选择与调研

1) 样点概况

从样点区位、形成时期及空间类型特色三方面综合考虑,选择人民广场、瑞金、徐家汇、曹家渡、莘庄、方松、老城厢及潍坊社区八个样点作为城市建成区公共开放空间及居民休闲行为观察的调研区域。根据自然格局、行政区划、城市道路网、用地性质等综合因素确定八个样点的边界,样点大小控制在适当的规模尺度,具体如图3-1、表3-1所示。

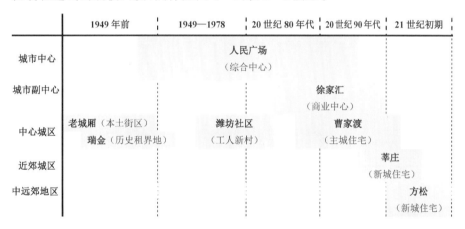

图 3 - 1　样点区位—形成时期关系图

表 3 - 1　调研样点概况

编号	样点	规模(km²)	区位	形成时期	类型特色
1	人民广场样点	1.41	城市中心	20世纪50年代初	综合中心
2	瑞金样点	1.72	中心城区	19世纪中叶	历史租界地
3	徐家汇样点	1.42	城市副中心	20世纪80年代	商业中心
4	曹家渡样点	1.53	中心城区	20世纪80年代末	主城住宅
5	莘庄样点	1.75	近郊城区	20世纪90年代末	新城住宅

编号	样点	规模（km²）	区位	形成时期	类型特色
6	方松样点	2.36	中远郊地区	21 世纪初	新城住宅
7	老城厢样点	1.66	中心城区	元代至新中国成立前	本土街区
8	潍坊社区样点	2.09	中心城区	20 世纪 60 年代	工人新村

人民广场样点位于黄浦区，东起浙江中路，西到南北路高架，南临延安高架，北至北京西路。所属区域是上海的政治、经济、文化、旅游中心和交通枢纽，也是上海最为重要的地标之一。

瑞金样点亦位于黄浦区，东起南北路高架，西到陕西南路，南临建国西路，北至淮海中。样点属于上海历史文化风貌保护区，文化发达、环境优雅，各类住宅建筑别具风格。

徐家汇样点位于城市副中心徐家汇，东起宛平路，西到宜山路，南临斜土路、南丹东路，北至广园路。该区域是上海最早的中西文化碰撞交融地，具有多处历史文化遗迹；90 年代起并延续至今的开发建设，形成了繁华的徐家汇商圈。

曹家渡样点位于静安区，与曹家渡街道边界吻合，东起胶州路，西到长宁路、江苏路，南临武定西路、新闸路，北至长寿路、安远路，包含 14 个居委会。

莘庄样点位于闵行区，东至沪金高速，南到春申路，西部北部邻近地铁线路。样点内分布有区域商业、文化核心节点，同时居住区众多，人居环境较好。

方松样点是上海市市郊松江新城的重要组成部分，东起人民北路，西到滨湖路，南临思贤路，北至新松江路。样点内道路纵横、交通便捷、人居环境优美，是松江新城的核心区域。

老城厢样点地处黄浦区，东、南至中华路，西到河南南路，北到人民路。老城厢是上海历史的发祥地，样点内荟萃了众多名胜古迹，保留了大量历史民居。

潍坊样点位于浦东新区，东起东方路，西到浦东南路，南临峨山路，北至张杨路。样点地处陆家嘴金融贸易区,内部居住区以工人新村为主,同时北部建设有区域核心商务区。

图 3 - 2　研究样点选取

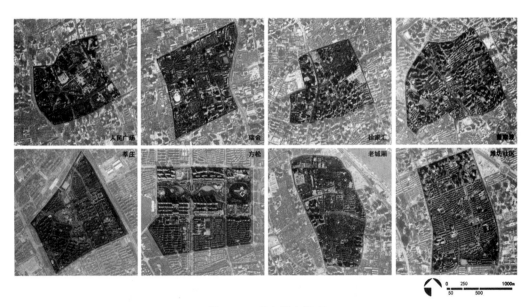

图 3 - 3　研究样点概况

2）样点调研

为充分了解上海市建成区公共开放空间的现状分布情况,分别在以上 8 处样点展开详细的公共开放空间类型调研:在每个样点内由调查人员逐一进行详细的走访清查,观察并记录每个样点内可供地内可供居民开展休闲活动的户外公共开放空间;依据公共开放空间分类体系标准,将每一处观察到的场地归纳到休闲绿地、城市广场、休闲街道三个大类下,并将子类型空间进行编号且在地图上标记区位形状,在记录表上记录相关参数信息,同时拍照。(详见附表)

3.2　样点公共开放空间类型分析

通过调研,整理得到各个样点公共开放空间类型及其分布情况,进而,对各样点公共开放空间现状作出分析与总结。

3.2.1　人民广场样点公共开放空间类型及分布特征

1）公共开放空间类型

人民广场样点共记录休闲街道 19 条,累计长度 5 345m,其中类型以商业休闲型街道为主(13 条),文化休闲型(2 条)和生态休闲型(1 条)街道较少;区域内广场共 24 个,包括大型集会游憩广场 1 处(人民广场)和小型集会游憩广场 3 处,其他广场多以附属广场(商业附属,12 个)和交通广场(8 个)为主;样点内休闲绿地较多,共记录休闲绿地 15 处,总面积达 348 811m²,其中记录设施完备、场地多样、规模较大的市区级、社区级公园 7 处(根据道路、建筑等边界划分),其他的多为较小的游园或街头绿地。

图 3 - 4 人民广场样点主要公共开放空间一览

资料来源:作者自摄.

2)公共开放空间分布

人民广场样点内分布有大量的休闲绿地,南部延中绿地绵延成带,又与人民公园、人民广场绿地呼应,空间上形成了南北向绿色轴线;广场集中于样点中西部,分布于绿带中或沿西藏中路、西藏南路分布;休闲街道较少,东部多以商业型和景观型街道为主,依托城市道路布局形成,西部居民区存在休闲街道总量低、分布散乱、联系不够的问题。人民广场样点总体上呈现出了"多核心、多点、休闲街道零散分布"的空间分布特点,其中人民公园、人民广场及博物馆、延中绿地广场公园构成了区域休闲游憩的核心。样点公共开放空间分布如图 3 - 5 所示。

3.2.2 瑞金样点公共开放空间类型及分布特征

1)公共开放空间类型

瑞金样点地处"衡山路—复兴路"历史文化风貌保护区,区域公共开放空间在数量上呈现出"休闲街道丰富、广场与公园空间相对贫乏"的特点。类型调研共记录休闲街道 20 条,累计长度 12535m,其中,生态休闲型街道 12 条,商业休闲型街道 5 条,文化休闲型街道 3 条;样点内,广场共 13 个,以附属广场(商业,6 个)、交通广场(6 个)为主,除上海文化广场规模较大外,其余均较小;区域内休闲绿地共记录 4 处,总面积 150 677m^2,其中市区级公园 1 处(复兴公园)、社区级公园 2 处(绍兴公园、玉兰园)。

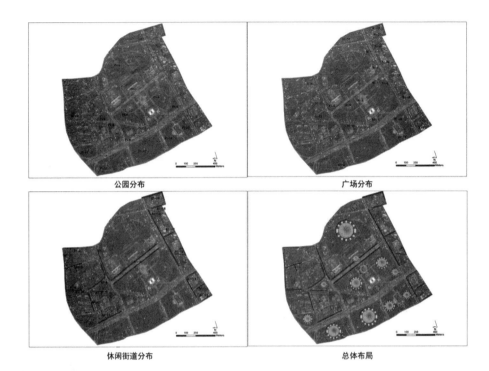

公园分布　　　　　　　　　　　广场分布

休闲街道分布　　　　　　　　　总体布局

图 3 - 5　人民广场公共开放空间结构

图 3 - 6　瑞金样点主要公共开放空间一览

资料来源:作者自摄.

2）公共开放空间分布

瑞金样点公共开放空间具体分布如图 3 - 7 所示。

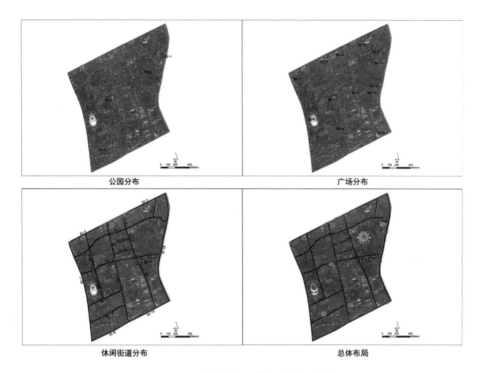

公园分布

广场分布

休闲街道分布

总体布局

图 3 - 7 瑞金样点公共开放空间结构

瑞金样点公共开放空间以复兴公园、文化广场为区域休闲游憩核心,呈现出了"双核、多点、休闲街道网络化"的空间分布特征。区域内公共开放空间的突出特色是依托地域历史文化风貌特色和生态林荫道,形成了相对完整的休闲街道网络体系,休闲街道有机地串联了样点内各个休闲游憩节点(公园、广场);广场多沿北部和东部的城市主干道分布,样点内部休闲游憩节点较少;核心公园复兴公园偏居区域东北,对西部及西南部居住区内的居民辐射能力有限。

3.2.3 徐家汇样点公共开放空间类型及分布特征

1) 公共开放空间类型

徐家汇样点共记录休闲街道 16 条,累计长度 29 930m,其中,商业休闲型街道 10 条,复合型街道 3 条,生态休闲型街道 2 条,文化休闲型街道 1 条;区域内记录广场 26 个,以附属广场(商业,18 个)为主,交通广场(7 个)为辅,另包含大型集会广场 1 处(教堂前广场);共记录休闲绿地 7 处,总面积

108 940m²,除徐家汇公园和光启公园规模较大、设施完备外,其余多为小型游园和街头绿地,规模和服务能力有限。

图 3-8　徐家汇样点主要公共开放空间一览

资料来源:作者自摄.

2) 公共开放空间分布

徐家汇样点公园分布呈现东北与西南对角线结构,徐家汇公园偏居东北,光启公园偏居西南,而其他几处休闲绿地也分布于两大公园连线周边;以商业附属广场为主的广场群呈现出沿区域城市主干道漕溪路、华山路、肇嘉浜路分布的趋势,其他地方零散分布几处;休闲街道分布散乱,没有形成有效的连接。总体上,徐家汇样点公共开放空间形成了以徐家汇公园、光启公园为区域休闲游憩核心的"双核、多点、休闲街道破碎化"的空间结构特征。

3.2.4　曹家渡样点公共开放空间类型及分布特征

1) 公共开放空间类型

曹家渡样点公共开放空间在数量上呈现出"一多两少"的现象。"一多"指休闲街道总量多,样点共记录休闲街道 22 条,累计长度 10 130m,其中,商业休闲型街道 16 条,为休闲街道主要形式,另记录生态休闲型街道 5 条,文化休闲型街道 1 条;"两少"指区域内休闲绿地和广场较少。调研区域内,记录广场 18 个,多为附属广场;区域内无设施相对完备、规模较大的公园,记录休闲绿地共 8 处,总面积仅 29 400m²;8 处休闲绿地中 7 处为街头绿地,另有一处体育公园。

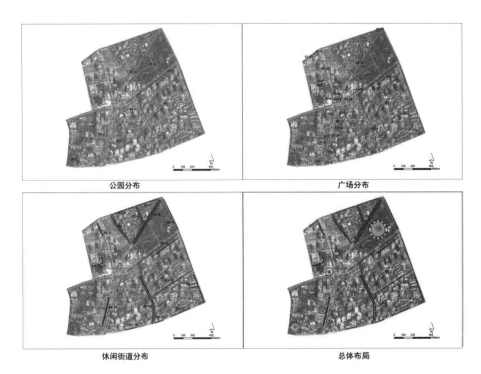

图 3 - 9　徐家汇样点公共开放空间结构

图 3 - 10　曹家渡样点主要公共开放空间一览

资料来源:作者自摄.

2) 公共开放空间分布

曹家渡样点公共开放空间具体分布如图 3 - 11 所示。

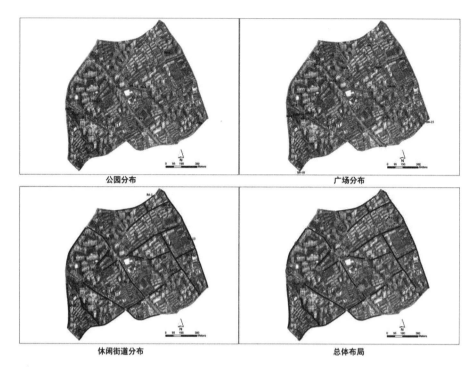

图 3-11　曹家渡样点公共开放空间结构

　　曹家渡样点总体呈现出"无核、多点、休闲街道初步网络化"的公共开放空间分布特征。样点最显著的特征是没有具有集聚效应的空间功能节点；而 18 个广场节点中最大的一处面积为 2 000m²，大多数不超过 500m²，均无法成为区域的休闲核心。没有大规模核心空间节点亦造成了区域公共开放空间总量上的不足；样点内休闲道路网络基本成型，但局部休闲街道存在不连续、沟通不畅的问题。

3.2.5　莘庄样点公共开放空间类型及分布特征

1) 公共开放空间类型

　　莘庄样点共记录休闲街道 22 条，累计长度 53 440m，以商业型和生态景观型街道为主，其中，商业休闲型街道 11 条，生态休闲型街道 8 条，另记录文化休闲型街道 1 条、复合型街道 2 条；记录广场 17 个，以交通广场（8 个）和附属广场（6 个）为主，同时还记录游憩集会广场 3 个；区域内共记录休闲绿地 7 处，其中规模较大的综合性公园 1 处（莘城中央公园），有一定设施和空间的小型游园 2 处,开放性附属绿地 3 处,无设施的街头绿地 1 处。

图 3 - 12 莘庄样点主要公共开放空间一览

资料来源:作者自摄.

2) 公共开放空间分布

如图 3 - 13 所示,莘庄样点公共开放空间最突出的特色就是环绕各个居住小区形成的休闲街道体系(人行空间宽、地面铺装多样、林荫覆盖率高),虽然存在局部不连续的问题,但已初步形成了区域休闲街道空间网络;样点内广场空间多沿各个商业、文化单位分布,主要几处高利用强度的广场集中分布于恒盛商城、闵行博物馆以及莘城中央公园构成的区域中心地带;区域内休闲绿地以莘城中央公园为核心功能节点,其余 6 处分散布局,东部带状绿地近 2/3 处于未开发状态,为以后的开发再利用提供了条件。样点公共开放空间总体上呈现出"一核、多点、休闲街道初步网络化"的特征。

3.2.6 方松样点公共开放空间类型及分布特征

1) 公共开放空间类型

方松样点地处松江新城,样点共记录休闲街道 16 条,累计长度 112 660m,其中,商业休闲型街道 13 条,生态休闲型街道 3 条;记录广场 16 个,以附属广场(商业,8 个)为主,另记录集会游憩广场 5 个,交通广场 3 个;区域内共记录休闲绿地 8 处,其中规模较大的综合性公园 3 处(以道路和建筑为边界界定,将区域内中央公园分为三段,记 3 处),有一定设施和空间开放性附属绿地和小型游园各 1 处,其余为街头绿地(3 处)。

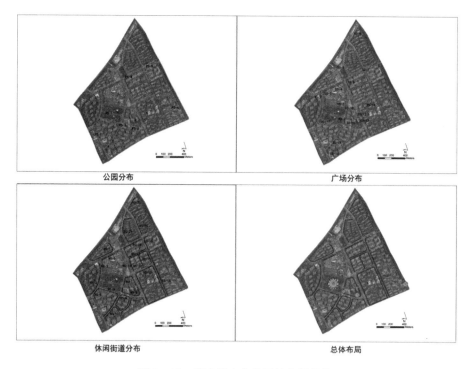

公园分布   广场分布

休闲街道分布   总体布局

图 3 - 13   莘庄样点公共开放空间结构

图 3 - 14   方松样点主要公共开放空间一览

资料来源:作者自摄.

2) 公共开放空间分布

样点公共开放空间总体上呈现出"一轴、多点"的特征。"一轴"为中央公园形成的区域公园绿轴,规模较大;其余公园绿地多以小型游园和街头绿地的形式存在,规模不大,分布较为分散。广场多分布于道路周边的商业区域,以新松江路中段、东段与文诚路周边居多。休闲街道多围绕居住区分布,空间人行宽度较大,南部生态景观型休闲街道绿化占地较多。

方松样点公共开放空间具体分布如图 3-15 所示。

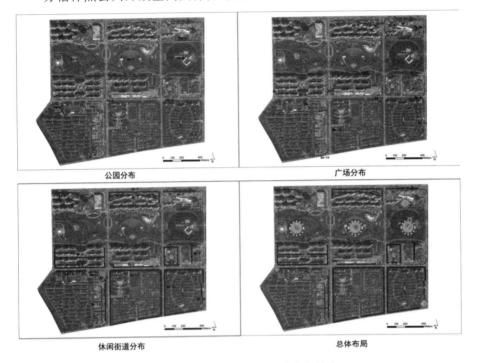

图 3-15　方松样点公共开放空间结构

3.2.7　老城厢样点公共开放空间类型及分布特征

1) 公共开放空间类型

老城厢样点共记录休闲街道 22 条,累计长度 6 575m,其中商业休闲型街道为主 14 条,生态休闲街 1 条和复合型街道 7 条;记录广场 7 个,总面积 38 640m²,豫园商区是该区域唯一规模较大的广场,其他为小规模附属广场(商业,4 个;休闲,1 个)和交通广场(1 个);样点内记录休闲绿地 6 处,总面积 63 412 m²,其中古城公园是该区域内唯一的社区级公园,规模较大,设施完备,具有一定历史意义,其余 5 处多为较小的小型游园或街头绿地。

图 3-16　老城厢样点主要公共开放空间一览

资料来源:作者自摄.

2) 公共开放空间分布

由于历史上的规划发展等原因,复兴东路南北两侧的城市肌理、格局相差很大,出现两极分化。南侧多为片状的历史建筑和老民居,街道狭窄,缺乏公共开放空间;北侧围绕豫园商区,经过长期的修缮改造和周边配套发展,已具现代化城市风貌。样地内的公园绿地较少,多集中在北侧面积较大的古城公园,其余绿地沿城市道路零星分布;广场同样呈散点布局,位于北侧旧校场路的豫园商区是唯一的核心商业广场;样点北部的休闲街道多以商业休闲型为主,沿着城市道路布局,但是联系不够紧密;南部则多为依托历史建筑空间布局的南北纵向生活型道路,联系度较低。老城厢样点总体上呈现了"两极化、单片区、街道零散分布"的空间特点,北部公共开放空间相对充足丰富,南部相对匮乏单调。样点公共开放空间具体分布如图 3-17所示。

3.2.8　潍坊社区样点公共开放空间类型及分布特征

1) 公共开放空间类型

潍坊社区样点共记录休闲街道 17 条,累计长度 11 695 m,其中类型以商业休闲型街道为主(9 条),生态休闲型(5 条)和复合型街道(3 条)较少;区域内广场共 17 个,包括大型综合商业广场 1 处(96 广场)和小型文化集会广场1 处,其他中小型广场多以商业附属广场(15 个)为主;样点内记录休闲绿地仅 5 处,但总面积有 61 500 m²,其中设施完备、场地多样、规模较大的社区级公园 2 处(塘桥公园、潍坊社区公园),其他的多为较小的小型游园或街头绿地。

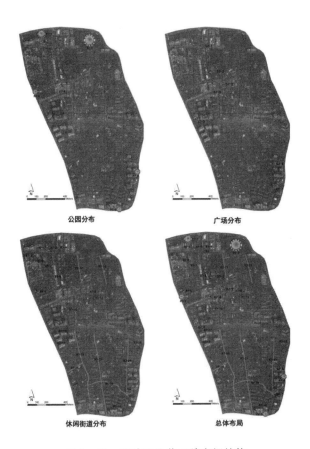

公园分布

广场分布

休闲街道分布

总体布局

图 3-17 老城厢公共开放空间结构

图 3-18 潍坊社区样点主要公共开放空间一览

资料来源:作者自摄.

2) 公共开放空间空间分布

潍坊社区样点公共开放空间具体分布如图 3-19 所示。

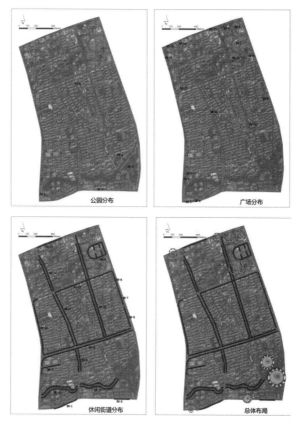

图 3-19　潍坊社区公共开放空间结构

　　潍坊社区样点内休闲绿地主要集中在南侧的张家浜河与东方路相交处,北岸的潍坊社区公园和南岸的塘桥公园遥相呼应形成区域绿色核心;广场多集中于样点东北角的商业中心区,围绕高层写字楼和商业综合体分布;样点内的休闲街道数量多,总量大,中北部多以商业休闲型和生态休闲型街道为主,依托城市道路布局,形成网格式的整体格局;南侧沿着张家浜河两岸,两条重要的生态休闲型道路横穿东西。潍坊社区样点总体上呈现出了"双核心、多点、休闲街道网络化分布"的空间结构特点,其中塘桥公园、潍坊社区公园和 96 商业综合广场构成了区域休闲游憩的核心。

3.3 样点公共开放空间数量分析

经整理与计算,各个样地不同类型公共开放空间(休闲绿地、广场、休闲街道)数量、密度以及总量的相关数值如表 3 - 2 所示。

表 3 - 2 样点公共开放空间类型调研数据汇总

<table>
<tr><td colspan="2">类别</td><td>人民
广场</td><td>瑞金</td><td>徐家汇</td><td>曹家渡</td><td>莘庄</td><td>方松</td><td>老城厢</td><td>潍坊
社区</td></tr>
<tr><td rowspan="4">休闲街道</td><td>数量(条)</td><td>19</td><td>20</td><td>16</td><td>22</td><td>22</td><td>16</td><td>22</td><td>17</td></tr>
<tr><td>总长度(km)</td><td>5.35</td><td>12.54</td><td>6.87</td><td>10.13</td><td>8.10</td><td>8.14</td><td>6.58</td><td>11.7</td></tr>
<tr><td>面积(hm²)</td><td>3.54</td><td>12.20</td><td>2.99</td><td>6.74</td><td>5.34</td><td>11.27</td><td>3.46</td><td>5.54</td></tr>
<tr><td>密度
(km/km²)</td><td>3.80</td><td>7.29</td><td>4.85</td><td>6.60</td><td>4.61</td><td>3.45</td><td>2.08</td><td>2.66</td></tr>
<tr><td rowspan="3">城市广场</td><td>数量(个)</td><td>24</td><td>13</td><td>26</td><td>18</td><td>17</td><td>16</td><td>7</td><td>17</td></tr>
<tr><td>面积(hm²)</td><td>12.03</td><td>1.99</td><td>4.13</td><td>0.88</td><td>2.28</td><td>5.97</td><td>3.86</td><td>4.22</td></tr>
<tr><td>面积比例(%)</td><td>8.55</td><td>1.15</td><td>2.91</td><td>0.57</td><td>1.30</td><td>2.53</td><td>2.32</td><td>2.02</td></tr>
<tr><td rowspan="3">城市公园</td><td>数量(个)</td><td>15</td><td>4</td><td>7</td><td>8</td><td>7</td><td>8</td><td>6</td><td>5</td></tr>
<tr><td>面积(hm²)</td><td>34.88</td><td>15.07</td><td>10.89</td><td>2.94</td><td>8.65</td><td>46.50</td><td>6.34</td><td>6.15</td></tr>
<tr><td>面积比例(%)</td><td>23.25</td><td>8.86</td><td>7.26</td><td>1.96</td><td>5.09</td><td>21.14</td><td>3.82</td><td>2.95</td></tr>
<tr><td colspan="2">公共开放空间
总面积(hm²)</td><td>50.45</td><td>27.27</td><td>18.02</td><td>10.56</td><td>16.28</td><td>63.74</td><td>13.66</td><td>15.91</td></tr>
<tr><td colspan="2">样点总面积
(hm²)</td><td>140.72</td><td>172.10</td><td>141.68</td><td>153.37</td><td>175.77</td><td>235.88</td><td>166.18</td><td>208.61</td></tr>
<tr><td colspan="2">公共开放空间
比例(%)</td><td>35.85</td><td>15.85</td><td>12.72</td><td>6.89</td><td>9.26</td><td>27.02</td><td>8.2</td><td>7.6</td></tr>
</table>

3.3.1 休闲绿地数量分析

如图 3 - 20 所示,就公园个数而言,公园数量和公园总面积之间并没有表现出正相关关系,这与各个样点所处区位及公园建设特色有关。休闲绿地面积相对样点总面积的比例相对客观地反映了样点绿地空间的总量。各样点公园绿地空间密度由大到小依次为：人民广场＞方松＞瑞金＞徐家汇＞莘庄＞老城厢＞潍坊社区＞曹家渡。方松和人民广场样点由于公园绿地总面积相对突出，在密度上亦大幅超过其他六处样点，分列前两位；其他六个样点密度分布表现出与总面积分布相一致的特征。

从面积比来看：人民广场和方松最高，这与城市中心和卫星城有机会建设大公园、大绿地有关；曹家渡、潍坊、老城厢相对较低，其原因是上海在80年代以前为居民建设的连片社区，以满足居民基本居住需求为主，对人的休闲需求考虑较少。老城厢是上海原有的民居类型，绿地更低，但由于其北部的现代化改造，弥补了其南部的严重不足。

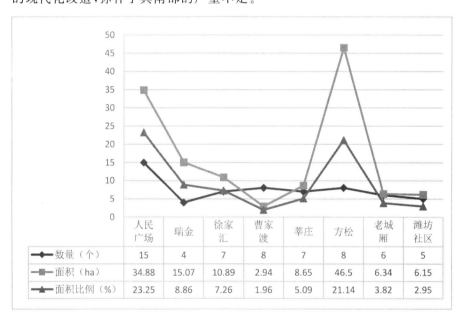

	人民广场	瑞金	徐家汇	曹家渡	莘庄	方松	老城厢	潍坊社区
◆数量（个）	15	4	7	8	7	8	6	5
■面积（ha）	34.88	15.07	10.89	2.94	8.65	46.5	6.34	6.15
▲面积比例（%）	23.25	8.86	7.26	1.96	5.09	21.14	3.82	2.95

图 3-20   各样点休闲绿地数量比较

3.3.2   城市广场数量分析

如图 3-21 所示，徐家汇和人民广场样点广场数量较多，分别达到 26 个和 24 个，不同的是，徐家汇样点广场类型多为商业附属广场，而人民广场样点广场则多为集会游憩广场；地处上海历史文化风貌老城区的老城厢样点广场数量较少，仅有 7 个；其余 5 个样点广场数量相仿。

广场总面积则与广场数量大不相同，依面积大小排序依次为：人民广场＞方松＞徐家汇＞潍坊社区＞老城厢＞莘庄＞瑞金＞曹家渡。前三者分别为城市中心、副中心和卫星城中心,因而规划有大而集中的广场空间;后五个样点均以居住区为主,广场面积较小且分散。

从广场面积比来看:人民广场比例最高,与其区位和城市发展定位有关;曹家渡、瑞金相对较低,与这两个区域形成历史有关,二者均以居住、历史街区为特征,室外开放空间少,且较难拓展。莘庄样点广场比例较低的原因是:莘庄社区虽然有一个大型的商场和一些文化设施,但社区主要是居住为主,且形成时间较短,没有历史文化性景点。

由于不同的定位与现状条件,样点广场数量与总量上呈现出各自的特点(如表 3-3 所示)。

表 3-3　样点广场数量特征

样点名称	广场数量特征	广场总量特征	成因概述
人民广场	数量多	面积大	大型集会游憩广场(人民广场)的存在
瑞金	数量少	面积小	单个广场体量小、数量不多
徐家汇、潍坊	数量多	面积适中	单个广场体量适中,数量较多
曹家渡	数量多	面积小	单个广场面积较小,多为道路转角小广场
莘庄、松江	数量少	面积大	单个广场尺度一般较大
老城厢	数量少	面积大	大尺度豫园商区的带动

3.3.3　休闲街道数量分析

就街道数量而言,曹家渡、莘庄和老城厢样点记录街道数量最多,为 22 条,徐家汇样点和方松样点最少,仅记录休闲街道 16 条。在休闲街道的总长度上,瑞金样点最大,达到 12 535m,潍坊社区样点次之,亦有 11 730m,而人民广场总长度最小,仅有 5 345m。

休闲街道密度相对客观地反映了区域休闲街道总量的多少,如图 3-22 所示,各样点休闲街道密度从高到低依次为:瑞金＞曹家渡＞莘庄＞徐家汇＞方松＞人民广场＞潍坊社区＞老城厢。

就上海不同区位的城市地区而言,中心城区受租界的影响,往往表现出"街区小,道路密"西方城市空间布局的特点,加之历史较长,容易形成文化

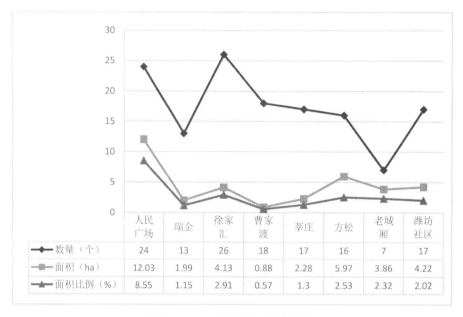

	人民广场	瑞金	徐家汇	曹家渡	莘庄	方松	老城厢	潍坊社区
◆ 数量（个）	24	13	26	18	17	16	7	17
■ 面积（ha）	12.03	1.99	4.13	0.88	2.28	5.97	3.86	4.22
▲ 面积比例（%）	8.55	1.15	2.91	0.57	1.3	2.53	2.32	2.02

图 3 - 21　各样点广场数量比较

或商业空间,休闲性道路密度一般较大;而新城,建设模式往往是居住小区连片开发,形成较大的街区,即使是生活性或商业性道路也很宽,中间普遍有绿化隔离带,加大了空间的隔离性,道路休闲性差,休闲性道路密度较低。

从休闲街道密度上来看:瑞金和曹家渡最高,老的历史性街区道路较密集,这与街区较小有关;老城厢和潍坊社区为集中连片的大型居住区,商业配套和休闲配套差,休闲性街道较少不言而喻;而人民广场和徐家汇样点密度不高,一则受地下空间的影响,一则由于人行空间宽度的不足。方松社区是典型的卫星城社区,社区中道路普遍较宽,较大的尺度导致了人性化空间的缺失;同时,新的社区以居住为主,没有文化性街道,商业配置以基本生活用品为主,没有休闲性商业氛围,两方面原因综合导致了方松样点休闲街道密度低下。

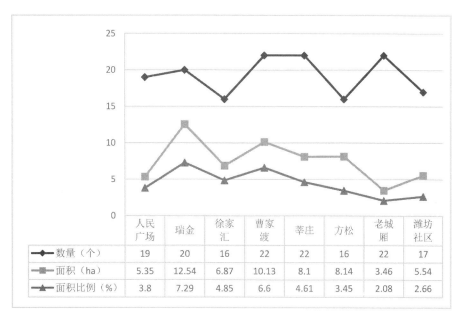

	人民广场	瑞金	徐家汇	曹家渡	莘庄	方松	老城厢	潍坊社区
◆ 数量（个）	19	20	16	22	22	16	22	17
■ 面积（ha）	5.35	12.54	6.87	10.13	8.1	8.14	3.46	5.54
▲ 面积比例（%）	3.8	7.29	4.85	6.6	4.61	3.45	2.08	2.66

图 3 - 22　各样点街道数量比较

图 3 - 22 很好地反映了休闲街道个数、长度以及密度之间的关系,休闲街道的密度受到街道数量和总长度的双重影响。老城厢、莘庄和曹家渡街道条数最多,但密度并不是最大;人民广场样点街道数量相对较多,但密度却最低。人民广场、徐家汇样点街道密度低,在一定程度上表明区域内休闲街道不成体系,分布较为破碎;瑞金、曹家渡街道密度高,如实地反映了该区域休闲街道数量多,连续性好的特点;而莘庄、方松和潍坊社区样点,从休闲街道分布图上看,已初步形成了休闲街道网络,街道分布均匀,连续性也较好,但是休闲街道密度却不高,考虑到休闲街道多沿城市道路分布的特点,这可能是由于莘庄、方松和潍坊社区样点内城市道路密度较低所导致;老城厢样点虽然总数上占优,但是总长度和密度都偏低,这与其发展滞后,街道狭长等原因有关。

3.3.4　公共开放空间总面积及其占样点比例

各样点公共开放空间总量如图 3 - 23 所示,就面积总量而言,从大到小依次为:方松＞人民广场＞瑞金＞徐家汇＞莘庄＞潍坊社区＞老城厢＞曹家渡。就公共开放空间用地占样点面积比例来看,密度大小与面积总量大小基

本一致,方松样点与人民广场样点出现不同,与样点总面积相差较大有关。

人民广场是城市中心,广场绿地集中,量大,面积比高具有必然性。

方松社区是新城建设,虽然是居住区为主,由于毗邻中央公园、绿地等,公共空间的配置量大,但从其他指标来看,其休闲空间配给仍然是不均匀和部分缺失。

瑞金社区虽然以居住为主,但由于是历史文化街区,有许多名人故居等历史文化建筑和文化休闲空间,所以也较高,以休闲性街道为多。

徐家汇是城市副中心,商业发达,商业、居住、文化多元,虽然部分小区较老,配套设施欠缺,但总量较高。

莘庄社区是 2000 年后形成的新的城市居住社区,形成了一定的休闲网络,但总量的不足,说明在新型社区建设中,缺乏对休闲性公共开放空间的规划和建设。

老城厢、潍坊社区、曹家渡三个社区相对较低,它们的共同特征是:社区形成时间较长、社区庞大、以居住为主、居住拥挤、配套设施不足,公共空间很难拓展。

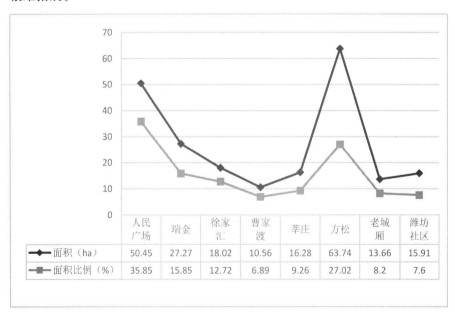

	人民广场	瑞金	徐家汇	曹家渡	莘庄	方松	老城厢	潍坊社区
面积（ha）	50.45	27.27	18.02	10.56	16.28	63.74	13.66	15.91
面积比例（%）	35.85	15.85	12.72	6.89	9.26	27.02	8.2	7.6

图 3-23　各样点公共开放空间总量比较

综合 3 大类空间 11 个细分类型在各个样点中的分布特征,具体如表 3 - 4 所示。

就休闲绿地而言,曹家渡样点存在综合性和社区级公园的缺失,而这也直接导致了样点公共开放空间总量的不足;方松和老城厢样点则存在社区级公园的缺失,方松样点由于松江中央公园形成区域绿色轴带,公共开放空间总量巨大;而老城厢样点则更多地受限于用地,未能进一步开发社区级公园,样点公共开放空间总量亦存在不足。

就城市广场而言,附属广场是上海建成区公共开放空间中存在的主要类型,其主要以商业附属广场和附属于博物馆、图书馆等公共建筑的休闲广场形式存在;曹家渡和老城厢样点存在游憩集会广场类型的缺失,大型广场空间类型的缺失也进一步加剧了样点公共开放空间总量的不足。

就商业街道而言,商业休闲型街道是上海建成区公共开放空间中存在的主要类型,除瑞金样点外,其余样点休闲街道皆以商业休闲型街道为主要存在类型;8 处样点中文化休闲型和复合型街道数目均较少,不占主导地位,其中方松和潍坊样点存在文化休闲型街道的缺失,而瑞金、曹家渡和方松样点缺少复合型休闲街道。

表 3 - 4　样点公共开放空间类型概况

类型		人民广场	瑞金	徐家汇	曹家渡	莘庄	方松	老城厢	潍坊
休闲绿地	市区级公园	●	●	●	×	●	●	●	●
	社区级公园	●	●	●	×	●	×	×	●
	游园与活动绿地	○	○	○	○	○	●	○	○
	开放性附属绿地	○	○	○	●	○	○	○	○
城市广场	游憩集会广场	○	○	○	×	○	○	×	○
	交通广场	○	●	○	●	○	○	○	○
	附属广场	●	●	●	●	●	●	●	●
休闲街道	商业休闲型	●	○	●	●	●	●	●	●
	生态休闲型	○	●	○	○	●	○	○	○
	文化休闲型	○	○	○	○	○	×	○	×
	复合型	○	×	○	×	○	×	○	○

备注:"●":主要存在类型;"○":次要存在类型;"×":类型缺失。

3.4　样点公共开放空间结构模式构建

3.4.1　模式概述

根据样点公共开放空间类型和分布分析,以区域核心功能节点数目为依据,构建上海城市建成区公共开放空间6种典型模式,分别为无核型(以曹家渡样点为代表)、单核型(以莘庄样点为代表)、双核型(徐家汇、瑞金、潍坊社区均表现出双核型模式,以徐家汇样点为代表)、多核型(以人民广场样点为代表)、轴向型(以方松样点为代表)和两极型(以老城厢样点为代表)。各空间模式由大型公园、广场或其组合形成核心节点,由休闲街道将区域公共开放空间核心节点与其他零散分布的功能节点有机串联。

表 3 - 5　典型模式样点对比

典型模式	代表样点	核心节点数量	核心节点构成
无核型	曹家渡	0	样点内市区级公园和社区级公园等大型点面状空间缺失,无核心节点
单核型	莘庄	1	莘城中央公园、仲盛南广场、莘庄博物馆北广场共同形成样点核心节点
双核型	徐家汇	2	分开布局的徐家汇公园和光启公园形成样点双核心
多核型	人民广场	4	人民公园、人民广场、市博物馆南广场以及延中绿地广场公园等形成样点多个核心节点
轴向型	方松	3	连续分布的松江中央公园(3段)形成样点公共开放空间绿色轴带
两极型	老城厢	2	偏北侧的城隍庙和古城公园形成样点核心节点,但样点中部和南部几无公共开放空间分布

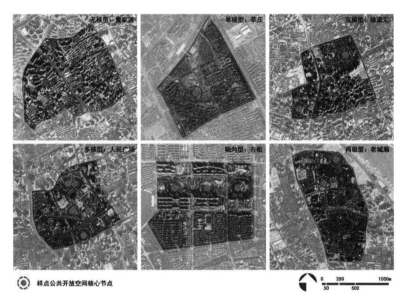

图 3 - 24　不同模式样点核心节点示意图

其中,无核型模式指样点内没有较大规模和较强吸引力的核心节点的空间结构模式。该模式内部存在一定量的公园绿地和广场,但一般规模较小,缺乏必要的设施和场地。曹家渡样点为其代表样点,样点内绿地和广场规模较小,且场地设施单一,无休闲核心,呈现出典型的无核型结构模式。

单核型模式指仅有 1 处规模较大、设施完备、场地类型多样的公共开放空间核心节点的空间结构模式。一般空间核心由规模较大的公园构成,亦可由公园、广场等集中分布的多类空间组合而成。莘庄样点为其代表样点,样点内莘城中央公园及邻近的文化广场和仲盛商城南广场构成区域公共开放空间核心,形成典型的单核型模式。

双核型模式指样点内具有 2 处核心节点的公共开放空间结构模式。一般双核心节点由 2 处较大规模的公园组成,亦可由公园和规模较大的城市广场组成。徐家汇、瑞金和潍坊社区 3 处样点均表现出双核型的模式特征,尤以徐家汇样点最为典型,研究以徐家汇样点作为双核型模式的代表样点。样点内,徐家汇公园和光启公园构成了区域公共开放空间双核心,由区域城市主干道和休闲街道将各个节点连接,形成双核型空间分布结构。

多核型模式指具有 3 处及以上核心节点的公共开放空间结构模式。人民广场样点最为典型,样点内的人民公园、延中绿地、人民广场及博物馆广场等空间形成区域休闲核心,并由城市主干道和休闲街道联系各个空间节点,表现出多核的空间分布模式。

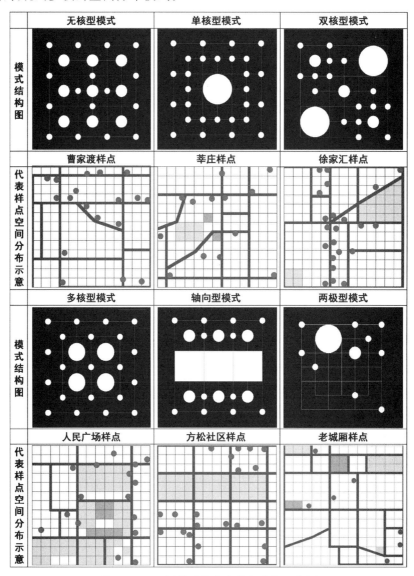

图 3 - 25　不同模式及代表样点现状示意图

备注:样点空间分布示意中,浅色块表示核心绿地,深色块表示核心广场,圆点代表小型节点空间。

轴向型模式指多处大型公共开放空间(以公园绿地为主)连续分布,形成区域公共开放空间带状主轴的结构模式。方松样点为其代表样点,样点内松江中央公园规模大且设施完备,东西连续分布形成了区域绿色轴带,将样点分为上下两个部分,形成较为典型的轴向型模式。

两极型模式指公共开放空间的分布集中偏向样点某一方位,主要的公园绿地、城市广场和休闲街道在该侧具有相对完整的结构,而另一侧公共开放空间为相对缺乏的空间结构模式。老城厢样点中复兴东路以北部分围绕豫园开发建设了文化、商业、旅游中心,配套的公园绿地、广场和休闲街道相对完善、丰富;而复兴东路以南片区,仍保留大量的老民居,明显缺乏相应的公共开放空间。南北两极分化明显,属于典型的两极型模式。

3.4.2　模式对比分析

1)位置分布对比

综合对比不同模式样点在城市中位置分布(见图 3-25),得到不同空间模式对比如表 3-6 所示。

表 3-6　上海公共开放空间结构模式比较

模式类型	模式概述	分布特征	代表样点	备注
单核型	有且仅有 1 处规模较大、设施完备、场地类型多样且具有一定吸引力的公共开放空间核心功能节点	分布广泛,中心城区、近郊地区、中远郊地区均有分布,是城市公共开放空间的典型结构模式	莘庄	一般由大型公园构成区域单核心,亦可以公园、广场等多种类空间组合形成单核心
双核型	具有 2 处规模较大、设施完备、场地类型多样、具有一定吸引力核心功能节点,且二者相互距离较远		徐家汇	功能节点可以由某一类型空间构成,亦可由两种空间组合构成
多核型	具有多处(3 处以上)较大规模和较强吸引力的公共开放空间核心功能节点,且各核心功能节点零散分布	一般分布于城市中心或区域中心	人民广场	多核心往往由多个大型公园、广场构成

模式类型	模式概述	分布特征	代表样点	备注
无核型	无具有强烈吸引力的核心功能节点，休闲街道较多	老旧城区、待改造区	曹家渡	存在一定量的小型节点空间，但数量和质量难以满足需求
轴向型	多处大型核心功能节点（以公园绿地为主）连续分布，形成区域核心的带状主轴，其他公共开放空间节点沿主轴两侧分布	城市中远郊地区	方松	可以视为空间功能核心有机组合、连续分布的多核型模式
两极型	公共开放空间的分布集中偏向区域某一个方位，主要的公共开放空间仅在一侧具有一定的数量和完整的网络结构	老城区地段，具有一定历史的城区	老城厢	两极分化明显。存在一侧空间过度使用而另一侧公共开放空间严重不足的问题

2）空间数量对比

以面积百分比和休闲街道相对密度作为空间数量对比指标，对比分析不同模式样点的空间数量特征。

（1）不同模式样点总体空间数量对比。

公共开放空间总量方面，就公共开放空间绝对数量而言，方松样点（63.74hm²）＞人民广场样点（50.45hm²）＞徐家汇样点（18.02hm²）＞莘庄样点（16.28hm²）＞老城厢样点（13.66hm²）＞曹家渡样点（10.56hm²）。

以公共开放空间面积比为指标，人民广场样点（35.85%）＞方松样点（27.02）＞徐家汇样点（12.72%）＞莘庄样点（9.26%）＞老城厢样点（8.20%）＞曹家渡样点（6.89%）。

其中，得益于区域内公园等多个大型核心节点的存在，人民广场（35.85%）、方松社区（27.02%）、徐家汇（15.85%）样点的公共开放空间面积占比位居前三；莘庄（9.26%）、老城厢（8.2%）两处样点内部仅有一个功能核心,总量次之;曹家渡样点(6.89%)由于没有较大规模的绿地和广场,其公共开放空间面积比最小。

　　根据样地规模,结合其所在地区的人口数据,分别估算各个样点的总人口,进而计算其人均公共开放空间面积,如表 3 - 7 所示:方松样点和人民广场样点的人均公共开放空间面积远超其他样点;莘庄与徐家汇样点相仿,次于前二者;而老城厢和曹家渡样点人均面积远远少于其他 4 处样点,大规模公园、广场空间的缺失,严重影响了样点空间的数量,人均面积均未超过 2m²。

表 3 - 7　不同模式样点人均公共开放空间面积

类别	曹家渡	莘庄	徐家汇	人民广场	方松	老城厢
公共开放空间总面积(hm²)	10.56	16.28	18.02	50.45	63.74	13.66
样点人口(万人)	7.5	2.5	3.5	2.5	2	7
公共开放空间比例(m²/人)	1.41	6.51	5.15	20.18	31.87	1.95

　　国内尚未就公共开放空间出台相关强制规范,仅从绿地相关标准来看,《城市用地分类与规划建设用地标准》中指出:"规划人均绿地面积不应小于 10.0m²/人,其中人均公园绿地面积不应小于 8.0m²/人",同时还规定绿地和广场用地应占规划建设用地的 10%～15%。考虑到公共开放空间还要应对外来游人,计算所得人均公共开放空间面积数值可能更低。由此,从空间总量来说,方松样点和人民广场样点公共开放空间总量足够;莘庄和徐家汇样点有一定的空间总量,但尚不足够,需要进行补充;而老城厢、曹家渡样点空间总量则严重不足。

　　(2) 不同模式样点不同类别空间数量对比。

　　以面积比作为点面状空间指标,以休闲街道相对密度作为线型空间对比指标,对比分析休闲绿地、城市广场和休闲街道公共开放空间数量。

　　就各样点休闲绿地总面积来说,方松样点(46.50hm²)＞人民广场样点(34.88hm²)＞徐家汇样点(10.89hm²)＞莘庄样点(8.65hm²)＞老城厢样点(6.34hm²)＞曹家渡样点(2.94hm²)。

　　比较代表样点休闲绿地面积占比,各样点休闲绿地面积比大体上表现出了与公共开放空间总体数量一致的趋势。人民广场样点(23.25%)和方松样点(21.14%)休闲绿地面积占比最高;徐家汇(7.26%)样点内绿地形成核心,休闲绿地占比次之;莘庄(5.09%)和老城厢(3.82%)样点内仅有 1 处核心休闲绿地,休闲绿地有一定的数量,但相对较低;无核型模式本身缺少大型绿地,因此曹家渡(3.82%)休闲绿地数量最少。

就城市广场总面积而言,样点城市广场面积表现出了与休闲绿地相似的排列规律,人民广场样点(12.03hm^2)＞方松样点(5.97hm^2)＞徐家汇样点(4.13hm^2)＞老城厢(3.86hm^2)＞莘庄样点(2.28hm^2)＞曹家渡样点(0.88hm^2)。

比较代表样点城市广场面积占比,人民广场样点城市广场面积占比最大,达到 8.55%,这与其城市中心的地块区位以及各类休闲、商业广场林立有直接关系;徐家汇样点(2.91%)、方松样点(2.53%)、老城厢样点(2.32%)广场面积占比较为接近,但远低于人民广场样点;单核型的莘庄样点(1.30%)和无核型的曹家渡样点(0.57%)广场更少。

从城市广场数量整体趋势来说,由于附属广场是城市广场的主要类型,城市广场的数量与样点区位及其商业发达程度有关联。区位越接近城市中心或区域中心,地区商业越发达,城市广场数量越多;同时,样点内广场数量与空间核心数量亦表现出呈一定正相关关系,核心节点较多的样点广场数量一般多于核心节点少或无核心的样点。

代表样点的休闲街道数量如表 3-8 所示。就休闲街道总长度而言,曹家渡样点(10.13km)＞方松样点(8.14km)＞莘庄样点(8.10km)＞徐家汇样点(6.87km)＞老城厢样点(6.58)＞人民广场样点(5.35km),方松和莘庄样点、徐家汇和老城厢样点休闲街道绝对数量相近,差别不大。

表 3-8　代表样点休闲街道数量汇总

类别	曹家渡	莘庄	徐家汇	人民广场	方松	老城厢
休闲街道长度(km)	10.13	8.10	6.87	5.35	8.14	6.58
城市主要道路长度(km)	13.21	10.19	9.17	11.88	11.97	17.26
休闲街道相对密度	0.77	0.79	0.75	0.45	0.68	0.38

但是,由于不同样点规模及其内部城市主要道路长度差异的影响,休闲街道相对密度表现出与休闲街道绝对数量大为不同的趋势。莘庄(0.79)、曹家渡(0.77)、徐家汇(0.75)、方松社区(0.68)四处样点休闲街道密度相对接近,明显高于另两个样点。究其原因,莘庄、方松社区样点建成时间晚,规划有较为完备的步行空间;徐家汇样点休闲街道有机串联了周边商业和景点,具有一定的数量;曹家渡较多的休闲街道开发利用,实为绿地与广场空间缺失情况下,公共开放空间建设的无奈之举;人民广场(0.45)和老城厢(0.38)休闲街道相对密度较低,则主要受制于城市中心地带地上人行空间难以拓展。

3.5　本章小结

根据对 8 处样点的调查,本章从以下两个方面对上海建成区公共开放空间现状进行了研究与总结:

1) 样点公共开放空间现状布局特征与类型构成分析

通过样点调查发现:各个样点均包含休闲绿地、城市广场、休闲街道 3 类空间。本章分空间布局特征和空间类型数量构成两个方面分析样点公共开放空间现状特点。

空间布局方面,不同样点表现出了不同的布局特征。人民广场样点公共开放空间"多核心、多点、休闲街道零散"分布;瑞金样点总体上呈现出"双核、多点、休闲街道网络化"的空间分布特征;徐家汇样点公共开放空间"双核、多点、休闲街道散乱"分布;曹家渡样点缺乏大型公园和广场,呈现出"无核、休闲街道发达"的公共开放空间分布特征;莘庄样点公共开放空间形成"一核、多点、休闲街道网络化"的布局;方松样点内部公园连续分布成绿色轴带,公共开放空间总体上呈现出"一轴、多点"的特征;老城厢样点则表现出公共开放空间"两极分化、街道零散分布"的布局;潍坊样点公共开放空间呈现出了"双核、多点、两端集中分布、休闲街道网络化"的空间分布特点。

空间类型数量构成方面,就休闲绿地而言,各级公园是建成休闲绿地的重要构成元素,人民广场样点公园绿地总数最为丰富,相比之下,曹家渡样点存在综合性和社区级公园的缺失,而方松和老城厢样点则存在社区级公园的缺失。就城市广场而言,附属广场广泛分布于各个样点,是城市广场的主体类型;而曹家渡和老城厢样点存在游憩集会广场类型的缺失。就休闲街道而言,上海建成区公共开放空间中休闲街道以商业型和生态型为主;文化型和复合型街道是休闲街道的重要组成,但方松和潍坊样点缺失文化休闲型街道类型,瑞金、曹家渡和方松样点缺失复合型街道类型。

2)上海建成区公共开放空间典型模式构建

结合对样点公共开放空间类型及其分布的分析,本章最后构建了上海建成区公共开放空间无核型、单核型、双核型、多核型、轴向型和两极型6种典型模式,并对比了各种模式之间位置分布和数量特征方面的异同。

单核型和双核型模式分别具有1处和2处核心节点,以莘庄样点和徐家汇样点为代表,是上海地区最为常见的公共开放空间模式,在中心城区、近郊地区、中远郊地区均有分布,一般由具有一定规模的公园、广场或其组合形成核心;多核型模式以人民广场样点为代表,一般在城市中心或建设用地较多的区域中心分布;无核型模式内部无大规模点面状空间要素,以曹家渡样点为代表,一般分布于老旧城区、待改造区等城市建设用地紧张的区域;轴线型模式中多由连续设置的公园形成区域绿轴,一般在新城区较为多见,以方松样点为代表;两极型模式则多分布于老城区具有一定历史价值的区域中,以老城厢样点为代表,内部公共开放空间成两极分化状态分布。

空间数量方面,研究分析发现:对比人均公共空间面积与相关标准要求,轴向型、多核型模式总量充足;单核型、双核型模式有一定的空间保有量,但总量有所欠缺;两极型和无核型模式总量严重不足。究其原因,多核型、轴向型的空间模式易聚集数个规模较大的点面状空间,形成公共开放空间核心,使得公共开放空间总量较多;单核型、双核型模式一般具有个别绿地为主的空间核心,从而具有一定的空间总量;无核型、两极型模式中,休闲绿地与城市广场缺失明显,但一般具有一定量的休闲街道。

第4章 上海建成区公共开放空间居民休闲活动调查分析

从空间使用方面，分析上海建成区公共开放空间居民的休闲活动特征，并根据典型模式样点居民休闲活动观察，从空间数量和空间使用等角度，分析不同模式公共开放空间现状使用特征，进而提出上海建成区公共开放空间的现状问题。

4.1 公共开放空间休闲活动行为观察及特征分析

4.1.1 休闲行为活动观察

为充分了解上海市建成区公共开放空间类型现状使用情况，针对上文选取的样点，分别选取具有代表性的公园绿地、城市广场和休闲街道各2～4处作为观察点(观察点数量如表4-1所示)，并根据居民休闲活动的普遍性规律，将一天分为五个休闲行为观察时段，即7:00—9:00(早晨)、10:00—12:00(上午)、13:00—15:00(中午)、16:00—18:00(下午)以及19:00—21:00(夜间)，分别观察并记录居民在各观察点上的休闲活动行为。

表4-1 各样点观察点个数

样点	人民广场	瑞金	徐家汇	曹家渡	莘庄	方松	老城厢	潍坊社区
个数	16	6	12	7	9	11	11	9

在观察点进行行为记录时，每个时段每个观察点停留15～20分钟，根据时段内所见，将活动类型、游人构成等信息填入行为观察记录表并拍照记录。

4.1.2　居民公共开放空间休闲使用特征分析

通过典型模式样点居民休闲活动,观察收集公共开放空间游人构成等数据,结合样点空间调查,计算公共开放空间使用强度,从游人年龄构成以及样点公共开放空间使用强度 2 个方面对比分析各模式代表样点的空间使用情况,总结休闲空间的使用特征。

1) 现状游人特征分析

(1) 不同样点游人总量分析。

①观察点平均游人总数对比分析。鉴于各个样点观察点数量不一,直接对比记录游人总数难以客观地反映各个样点公共开放空间游人总量关系,故采用观察点平均游人人数进行对比。

观察点平均游人人数＝样点记录游人总数/样点观察点个数

观察点平均游人人数如图 4-1 所示:人民广场样点无论工作日还是双休日,其公共开放空间游人数都是所有样点中最多的,这与其城市中心的区位,游人较多以及多核的空间结构模式有关;老城厢样点同样位于市中心区位,且凭借其文化商业中心(豫园商区)的优势吸引大量游人,因此在平均游人数上仅次于人民广场,相差甚微;而区位同样较好的瑞金和徐家汇样点人数却相对较少,甚至少于曹家渡和莘庄样点,这可能与其周边商业区和地下空间影响有关,多数人进入商场或地下空间活动,从而导致公共开放空间内人数相对减少;徐家汇样点也可能受到徐家汇商圈衰退的影响,其周边商业设施提升,弱化了徐家汇城市商业副中心的功能。与之相对的曹家渡、莘庄和潍坊社区样点,周边商业及地下空间影响远不及前两个样点,从而公共开放空间人数要相对较多。另外,莘庄样点人数多于曹家渡和潍坊社区样点,这与其有着吸引力较强的区域公共开放空间休闲活动核心区有关。方松样点人数最少,可能与样点是新城,居住密度不高,休闲的意愿与市中心比较低有关。与其最多的公共开放空间总量相比,该样点公共开放空间存在使用率较低的现象。

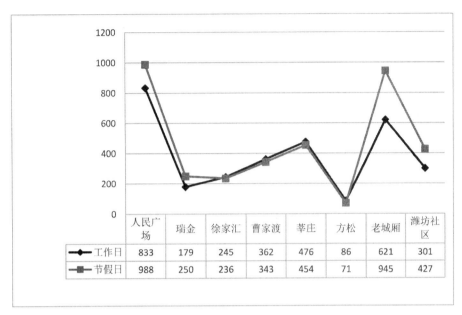

	人民广场	瑞金	徐家汇	曹家渡	莘庄	方松	老城厢	潍坊社区
工作日	833	179	245	362	476	86	621	301
节假日	988	250	236	343	454	71	945	427

图 4 - 1　观察点平均游人人数比较

②样点游人总数：工作日与节假日对比分析。各样点公共开放空间工作日与节假日对比如图 4-2 所示。人民广场、瑞金、老城厢和潍坊社区样点节假日游人较之于工作日有明显增加，这与其城市中心的区位、商业文化旅游中心以及历史文化风貌保护区良好的景观吸引力有关；其余四个样点节假日人数不及工作日人数。莘庄和松江样点由于位置较为偏僻，节假日人数减少可能与居民外出至城市中心区域休闲娱乐有关；曹家渡由于缺少休闲游憩核心区，节假日亦存在居民外出的现象。而徐家汇样点人数小幅减少，则可能受居民外出至郊外、城市中心区域、周边商业、地下空间等多重因素的影响。

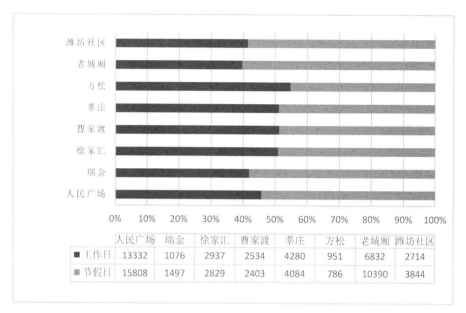

	人民广场	瑞金	徐家汇	曹家渡	莘庄	方松	老城厢	潍坊社区
工作日	13332	1076	2937	2534	4280	951	6832	2714
节假日	15808	1497	2829	2403	4084	786	10390	3844

图 4-2　各样点游人总数工作日与节假日对比

（2）公共开放空间游人年龄构成分析。

①各样点游人年龄结构数据汇总。通过数据整理与计算,按老年人、青壮年和少年儿童分类,各个样点每天五个时段记录的人数汇总如图 4-3 所示。

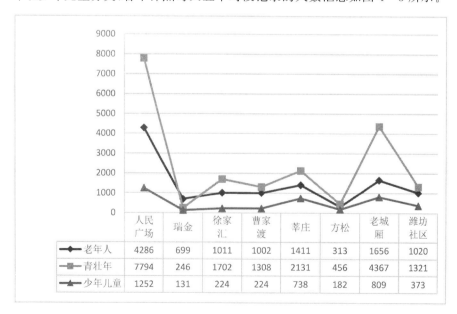

	人民广场	瑞金	徐家汇	曹家渡	莘庄	方松	老城厢	潍坊社区
老年人	4286	699	1011	1002	1411	313	1656	1020
青壮年	7794	246	1702	1308	2131	456	4367	1321
少年儿童	1252	131	224	224	738	182	809	373

图 4-3　工作日游人年龄结构分布

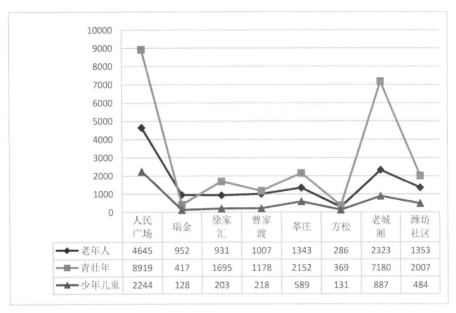

	人民广场	瑞金	徐家汇	曹家渡	莘庄	方松	老城厢	潍坊社区
老年人	4645	952	931	1007	1343	286	2323	1353
青壮年	8919	417	1695	1178	2152	369	7180	2007
少年儿童	2244	128	203	218	589	131	887	484

图4-4 节假日游人年龄结构分布

②工作日与节假日游人年龄构成分析。总结工作日和节假日不同年龄段的游人数量,得到不同年龄构成的游人工作日与节假日数量对比图4-5。

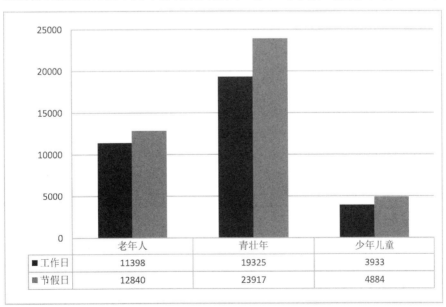

	老年人	青壮年	少年儿童
■工作日	11398	19325	3933
■节假日	12840	23917	4884

图4-5 不同年龄段游人工作日与节假日数量对比

由图 4-5 可知,节假日较之工作日三个年龄段的游人均有所增加,符合休闲游憩的一般规律。其中,少年儿童和青壮年增长程度更大,这与工作日大量少年儿童和青壮年上学上班有关。

③不同样点游人年龄构成分析。如图 4-6 所示,8 个样点中,少年儿童均数量最少,考虑到其群体年龄较小,一般需要成年人看护,鲜有单独行动,故数量不会超过成年人群体;青壮年是公共开放空间休闲游憩人群的主要构成部分,8 个样点中,有 7 个样点青壮年人数占优,且人民广场、徐家汇、曹家渡、莘庄、老城厢和潍坊社区样点青壮年游人人数均超过了总人数的50%;瑞金样点游人构成以老年人为主,超过六成,一定程度上受其所在地区居民年龄构成的影响。

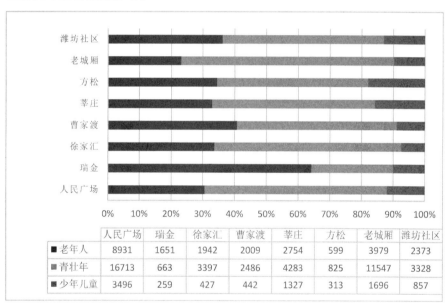

	人民广场	瑞金	徐家汇	曹家渡	莘庄	方松	老城厢	潍坊社区
■老年人	8931	1651	1942	2009	2754	599	3979	2373
■青壮年	16713	663	3397	2486	4283	825	11547	3328
■少年儿童	3496	259	427	442	1327	313	1696	857

图 4-6　各样点游人年龄构成对比

2)空间使用强度分析

(1)各样点不同类型空间游人总量。

通过数据整理与计算,得到不同类型空间工作日和节假日游人总量,如图 4-7、图 4-8 所示。

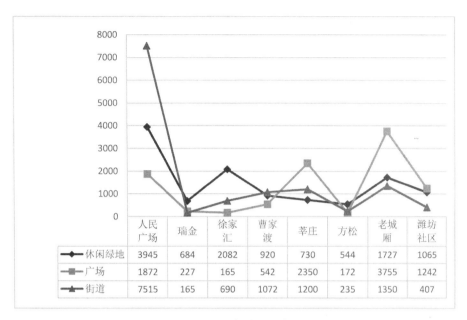

图 4-7　工作日不同类型空间游人总量汇总

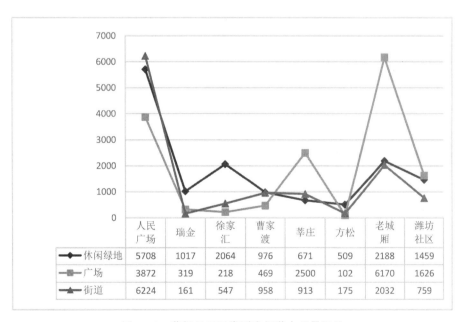

图 4-8　节假日不同类型空间游人总量汇总

（2）空间使用强度分析。

此处将公共开放空间的使用强度定义为单位面积(公顷)公共开放空间每天活动的游人数量(五个时段记录所得)。其计算公式如下：

空间使用强度＝观察点公共开放空间活动人数/观察点公共开放空间面积

其中,各样地观察点面积如表 4－2 所示。

表 4－2　各观察点面积　　　　　　　　　　　　　　（单位:hm²）

类型	人民广场	瑞金	徐家汇	曹家渡	莘庄	方松	老城厢	潍坊社区	小计
公园	12.36	2.11	9.98	2.40	2.75	3.23	5.80	5.81	44.44
广场	3.99	6.50	1.08	0.25	1.04	1.17	3.13	0.45	17.61
街道	1.58	0.59	1.83	1.45	0.42	1.29	0.35	0.38	7.89
总计	17.93	9.2	12.89	4.1	4.21	5.69	9.28	6.64	69.94

经计算,各样点空间使用强度如图 4－9 所示,工作日各样点空间使用强度:莘庄＞人民广场＞老城厢＞曹家渡＞潍坊社区＞徐家汇＞方松＞瑞金;节假日各样点空间使用强度:老城厢＞莘庄＞人民广场＞曹家渡＞潍坊社区＞徐家汇＞瑞金＞方松。

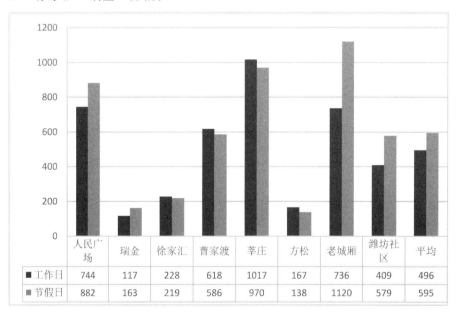

	人民广场	瑞金	徐家汇	曹家渡	莘庄	方松	老城厢	潍坊社区	平均
■工作日	744	117	228	618	1017	167	736	409	496
■节假日	882	163	219	586	970	138	1120	579	595

图 4－9　各样点空间使用强度对比

老城厢样点空间使用强度位列第一,这与北部核心节点豫园商区的旅游、商业、文化对游人的吸引力有关,而且老城厢样地内人口多,建筑密度大,公共开放空间相对面积小;莘庄样点空间使用强度仅次其后,是因为其周边居住小区众多,核心节点辐射面积以及周边居民喜好大型集体性休闲活动(合唱、团体太极、广场舞)等原因有关;与之类似的是曹家渡样点,其周边居民小区众多,人口基数大、休闲需求高,公共开放空间的使用强度亦较大;人民广场样点周边居住小区不多,但地处城市中心,商业、文化产业发达,游人较多,空间利用强度较大;徐家汇样点受商业和地下空间的影响,空间使用强度一般;方松样点则由于区域内人口较少,导致区域公共开放空间使用率低下;瑞金样点较低的空间使用强度与实际情况有所不符,可能与观察点数目过少,位置选择不合理等因素有关。

　　不同类型空间的使用强度如图4-10所示,在不考虑居民空间停留时间的前提下,公园<广场<街道,这与不同类型公共开放空间的规模和空间特性有关。公园一般为口袋空间,游人进入此空间的目的性较强,多进行休闲游憩或景观欣赏等户外活动,一般停留时间较长,且由于公园包含大量的绿化用地空间,场地限制了使用居民的数量,影响了空间使用强度的增大;反之,广场尤其街道往往是人流必经之地,空间停驻是伴生的(比如途经、购物等衍生的停驻),从而导致游人数量增多,空间使用强度较高的结果。鉴于公园是广大居民较为喜爱的公共开放空间类型,且可以提供较为丰富的场地和设施,因此,如何提升公园的空间使用强度是规划设计中值得关注的点;而广场和街道作为使用强度较高的空间,如何增加场地设施的丰富性,以满足更多游人的不同停驻需求也是公共开放空间规划设计中值得考虑的地方。

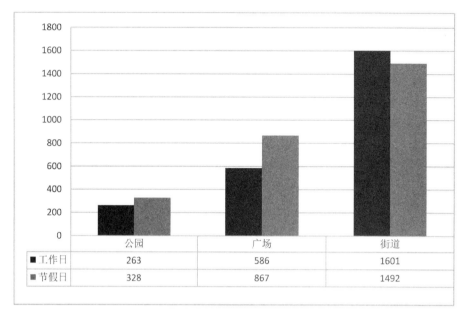

图 4 - 10   不同类型空间使用强度对比

另外,相较于工作日,公园和广场的空间使用强度在节假日表现出了上升的趋势,而街道的空间使用强度表现出下降的趋势。这主要是受到不同类型公共开放空间特性及游人休闲活动出行特征的影响。在节假日,城市居民可以选择能够停留较长时间的公园或广场进行相应的户外休闲活动,而街道作为通过人流较多的空间场地,游人停留时间较短,与公园和广场表现出相反的变化。

4.2   基于居民休闲活动的建成区公共开放空间综合分析

综合样点空间调查与居民休闲活动分析,总结不同模式样点主要存在的问题,发现:无核型—曹家渡样点主要存在空间总量不足、公园绿地和广场类型缺失、空间使用强度过高以及部分区域环境质量较差,不适合休闲活动开展等问题;单核型—莘庄样点则存在空间总量欠缺、核心节点空间部分时段高强度使用和部分商业街区环境较差的问题;双核型—徐家汇样点表现出了空间总量缺失和空间使用强度低下两方面问题;多核型—人民广场样点在休闲街道类型上存在缺失，街道总量亦存在不足，同时街道和绿地的使用强度过高，但广场使用强度低下；轴向型—方松样点公共开放空间总量充足，但存在社区级公园、文化型街道等空间类型的缺失，同时空间使用强度低下，养护管理也存在问题；两极型—老城厢样点亦存在空间总量的不足，且空间类型缺失严重，社区级公园、开放性附属绿地、游憩集会广场等空间类型均未分布，同时空间结构较为完善的一侧使用强度过高，另一侧则存在严重的空间维护问题。综上，上海建成区公共开放空间现状主要存在空间数量、结构和使用及空间管理等方面的问题（见表 4 - 3）。

表 4 - 3　不同模式现状问题分布

类别	空间数量问题		空间使用问题		空间管理问题
	总量不足	类型缺失	使用强度过高	使用强度低下	养、管不到位
无核型	●	●	○		○
单核型	○		●		
双核型	○			●	
多核型			○		
轴向型		○		●	●
两极型	●	●	○		○

备注："●"：问题存在且较为严重；"○"：问题存在，但尚不严重。

4.2.1　类型与数量问题

1）总量配给不均

根据样点的调查结果可知，不同区域的公共开放空间比例差距较大，总量配给极其不均衡：所占比例最高的人民广场样点达到 35.85%，最低的曹家渡样点只有 6.89%，二者相差近五倍；同为中心城区外的新城住宅类型，而莘庄和方松样点在公共开放空间比例上也呈现出明显的差距，方松样点高达 27.02%，是莘庄样点 9.26% 的三倍。

2）类型数量欠缺

八个样点均涵盖了休闲绿地、城市广场和休闲街道三类公共开放空间，但是某些样点反映出类型缺乏、数量不足的问题：瑞金样点休闲绿地只有 4 处，广场又多沿北向及东向主干道分布，样点内部区域缺乏功能性节点，一定程度上导致了瑞金样点公共开放空间利用强度低下等问题;曹家渡样点缺少核心的综合性公园,同时休闲绿地总面积比例只占 1.96%,广场面积比例仅为 0.57%,这些面状功能节点的缺失使得曹家渡样点公共开放空间难以满足周边居民的使用需求。

4.2.2　空间结构问题

1) 线状街道分布不成体系

调研结果显示,瑞金、莘庄、方松和潍坊社区样点的休闲街道的空间结构相对系统完整呈网络化布局,而另外四处样点的线状街道分布零散,连接度差,不成体系。其中,徐家汇样点共 16 条休闲街道,仅有 4 条是彼此相连呼应,其他 12 条均相对独立。此类问题为公共空间结构主要存在的问题,且城市中心区较之城郊结合区和新区更为严重。形成原因主要是受限于城市用地,造成人行空间不足而难以形成具有休闲游憩功能的公共开放空间。

2) 面状空间布局不合理

在八个样地中,除了曹家渡样点属于无核型空间模式,其他七个样地均有明显的核心公共开放空间。部分样点的核心面状空间布局不合理,导致其服务半径的有效性和便利性明显降低:老城厢样点呈现出两极化发展态势,北侧的豫园核心商业区汇集大量游客人气,配套的公共开放空间丰富完善,而复兴东路的横断阻隔和相对距离的局限性使得南部缺乏公共开放空间的历史老区难以被惠及;潍坊社区样点亦为竖向矩形空间,核心商业广场位于样地的东北角,核心公园绿地位于样地的东南角,二者直线距离达 1.4km,难以覆盖样地腹地和西侧的居住片区。

4.2.3　空间利用问题

空间利用强度不均衡:从调研数据可知,八个样点的公共开放空间比例与空间使用强度并没有呈现正相关性,公共开放空间比例远大于曹家渡样点的方松、瑞金、徐家汇样点,在使用强度上却明显小于它。而且,由于其他类型空间或同类型的缺失与不足而导致的某类空间超强度利用问题也同样存在:如曹家渡样点,由于大型公园、广场样点的缺失,而导致街道空间的利用强度过大,根据行为记录,在其休闲街道空间中记录到了太极拳、广场舞、棋牌等公园、广场空间中常见的活动类型;莘庄样点由于莘城中央公园位于区域核心节点地带,而同类的大型综合性公园只此一处,而导致公园利用强度提升;而夜间由于公园关门,及照明条件较好等因素,同样处于核心区域的恒盛南广场利用强度急剧上升,高峰期广场空间人数可达千人以上。

4.2.4　养护管理问题

1) 场地养护管理不到位

部分公共空间由于环卫工作不到位,导致部分公共开放空间(以休闲街道为主)存在脏乱差等现象;同时长期的使用率低下,设施空置和失修也导致了场地与服务设施的老化损坏;此外,八个样点中普遍存在街头附属广场空间被停车等非正常使用方式占据的现象,而导致公共开放空间功能难以发挥。

2) 场地管理不够人性化

人民公园和徐家汇公园作为区域主要的休闲活动节点,夜间活动时段(晚 7 点—9 点)缺乏必要的照明,不利于周边居民夜间活动的开展;而莘城中央公园晚 7 点关门,减少了周边居民活动空间的同时也导致了邻近的恒盛南广场夜间人流过大的问题。在公共开放空间管理中还应注意对弱势群体的保护和引导,保证弱势群体能充分利用城市公共开放空间的同时,亦不会对其他人使用公共开放空间造成干扰。

4.3　本章小结

本章基于居民休闲活动角度,详细分析了建成区公共开放空间居民休闲使用特征及其现状存在的问题与不足。

游人构成方面,青壮年人群是建成区公共开放空间的主要使用人群,而老年人是较为固定的使用人群,少年儿童多在成人监护和陪伴下进行相关活动,数量最少。就各样点工作日和节假日游人总量而言,总体上,节假日公共开放空间休闲人数超过工作日;由于休闲时间延长,居民休闲活动范围随之扩大,位于城市中心地段,具有旅游景点的样点,节假日公共开放空间游人数量上升明显。

公共开放空间使用强度方面,空间使用强度的高低多受样点区位的影响。由于区位不同,样点内居民和游人数量亦有较大区别。市中心样点的公共开放空间一般使用强度较高,而中远郊地区的空间使用强度低下;双核型(徐家汇)、单核型(莘庄)和两极型(老城厢)模式往往由于核心空间分流,导致广场、街道的空间使用强度相对较低;无核型(曹家渡)模式因点、面状空间缺乏,常造成有限绿地、广场空间的高强度使用。

上海建成区公共开放空间现状存在"数量—结构—使用—管理"4 个方面的问题,为后续公共开放空间的规划设计指明了重点与方向。

第5章 上海市域生态开敞空间现状与分析

市域生态开敞空间是指具有休闲游憩功能的生态性用地开敞空间。根据《上海市基本网络规划》相关数据显示,上海建成区外围生态用地(包括耕地、林地、园地和内陆湿地等)面积达到 3 895km²,约占城市陆域总面积的 57%,若加上建成区内绿地,城市生态用地总面积将达到 4 057km²。大量的生态用地构成了上海城市市域生态开敞空间的基础。根据上海生态开敞空间的利用和开发,可将其分为线性生态空间、郊野公园、都市自然地以及农业休闲观光园 4 种类型。

基于研究团队近 10 年来在上海都市农业休闲、上海市郊野公园、上海市生态林、上海市自然遗留地等相关领域的研究成果,本研究对上海市域生态开敞空间现状进行了综合分析。相关研究包括:上海市都市农业休闲产业集群研究、上海农业休闲观光园空间布局与设计模式研究、上海市郊野公园调查与评价、城市生态型绿地研究、上海生态公益林结构优化和功能提升研究、上海自然遗留地调查及评价研究等。

5.1 上海线性生态空间现状

凡同时满足:空间形态呈线状或带状;具有空间连接、休闲娱乐、生态防护、生物保育等功能的绿色开敞空间,均可认定为城市线性生态空间。根据上海城市线性生态空间现状,可将其分为绿道、蓝道、生态廊道 3 类。

5.1.1 上海绿道现状

上海的绿道是指沿河流、风景道路等线性空间设置,具有休闲功能、生态功能和连接功能的绿色线性生态开敞空间。

《上海市基本生态网络结构规划》与新时期郊野公园规划等相关规划中

对绿道建设均有提及。基本生态网络规划认为绿道是生态建设重要的空间载体,指出:"绿道具有防洪固土、清洁水源、净化空气等作用,能保护内部生态环境免受外部干扰,为动物迁徙提供通道,连接破碎化的生态景观",同时认为在布局上应"形成由部分高速公路、骨干道路和主要河流两侧布置不同级别(宽度)的绿道";郊野公园规划中则强调:需要"规划若干条郊野绿道串联郊野公园,作为市民徒步、远足、健身的自然路径"。

考虑到目前上海市尚未开展专门的绿道规划与建设,就现状而言,比较符合本研究绿道定义的城市现状绿道为绿地保存较好的中心城外环林带形成的环中心城绿道和主城区环城绿道(如图 5-1 所示)。同时,针对不同建设级别,上海建成区内部多年建设形成的具有较大绿地规模的城市林荫道,如黄浦区陕西南路、徐汇区衡山路、浦东新区世纪大道等,则为后期建成区绿道的规划、建设奠定了基础。

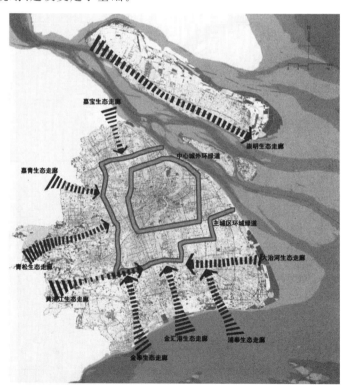

图 5-1   上海城市绿道与生态廊道现状示意

资料来源:《上海市基本生态网络结构规划》,上海市城市规划设计研究院,2012 年.

5.1.2　上海蓝道现状

蓝道指河流、湖泊、运河和海岸线等水域空间为主体,辅以一定宽度的滨水绿带(蓝线范围内)或陆域节点空间(滨水广场、码头等),形成的具有休闲游憩功能和空间串联功能的开放性活动空间。

上海北靠长江、南濒杭州湾、西连太湖、东邻东海,境内河道纵横,河网密布,全市现有河道 23 787 条,总长度 21 646.29 km,河网密度约 3.41 km/km^2。其中骨干河道 324 条,长度为 3 202 km,占全市河道长度 14.79%。湖泊 21 个,面积 59.32 km^2,全市河湖面积 532.47 km^2,水面积 405.54 km^2,河面率达 8.4%,水面率 6.4%。丰富的水资源为城市蓝道建设奠定了坚实的基础。

根据《上海市景观水系规划》,上海蓝道体系形成了"一纵、一横、四环、五廊、六湖"的空间结构,如图 5-2 所示。

1)一纵:以黄浦江为城市景观和水上观景的黄金主轴线

黄浦江(吴淞口—紫竹园)长约 55 km,是城市景观和水上观景的黄金主轴线。

结合黄浦江两岸用地调整和功能开发,改善地区生态环境,开辟活跃的公共活动岸线,构建具有都市繁华特征的滨江景观带和休闲旅游带。以陆家嘴、外滩为景观核心,向南北不断延伸。从南至北依次形成几大景观区:"龙华—三林"景观区、"西藏南路—白莲泾"景观区、"外滩—陆家嘴"景观区(包括北外滩、南外滩)、复兴岛景观区、"吴淞口—三岔港"景观区等。

2)一横:苏州河城市风貌

苏州河(黄浦江河口—外环西河)长约 21 km,属于苏州河城市风貌段。

规划以苏州河的自然流向为主轴,注重苏州河在区域内蜿蜒曲直的自然走向所带来的丰富多彩的空间效果,进一步挖掘苏州河两岸自然与人文历史景观,提高环境品质,保护历史风貌,把苏州河及沿岸地区建成以"水清、岸洁、有绿、景美"为特征,特色浓郁、环境优美的生活休闲水景带(开放空间系统分析如图 5-3、图 5-4 所示)。

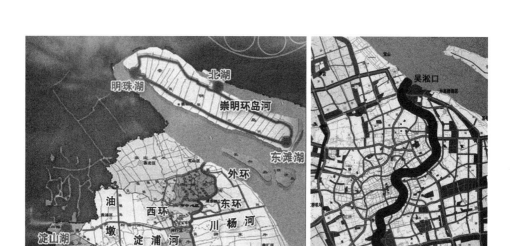

图 5-2   上海蓝道总体空间结构示意（左）和黄浦江轴线示意（右）

资料来源：《上海市景观水系规划》，上海市水务规划设计研究院，2005 年.

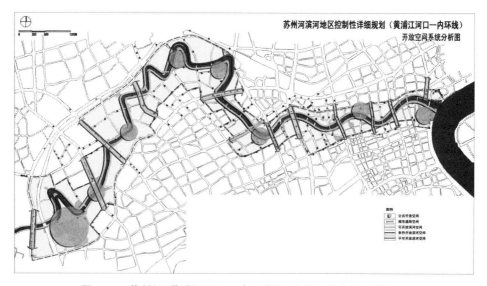

图 5-3   苏州河（黄浦江河口—内环线段）公共开放空间系统分析

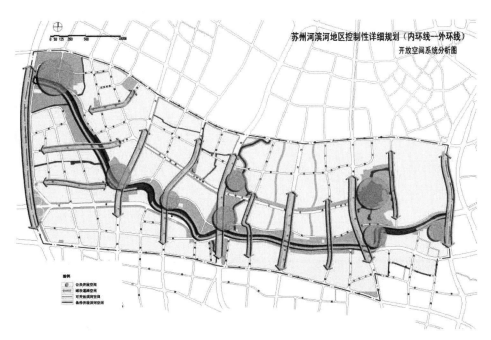

图 5-4　苏州河(内环线—外环线段)公共开放空间系统分析

资料来源:《苏州河滨河地区控制性详细规划》,上海市规划和国土资源管理局,2006 年.

3) 四环:外环、西环、东环、崇明环岛河

以"沟通水系,构筑游艇和水上旅游通道"和"改善生态,形成水网和绿网有机结合",沟通相关河流水系,形成城市蓝道"四环",具体如表 5-1、图5-5、图5-6所示。

表 5-1　蓝道四环概况

名称	构成	规模/km	建设目标
外环	外环西河、新槎浦、蕴藻浜、高浦港、外环运河、浦东运河、川杨河、淀浦河构成	25	围绕浦东小陆家嘴,体现浦东新区城市新貌和中央商务区的特色
西环	苏州河、外环西河、新泾港、淀浦河、黄浦江构成	58	形成都市休闲旅游和游艇通道

（续表）

名称	构成	规模/km	建设目标
东环	白莲泾、三八河、洋泾港、黄浦江构成	100	与外环 500m 绿带内的河湖景观有机结合，形成中心城区水绿协调的生态景观走廊
崇明环岛河	北、南横引河组成	173	串联城桥新城、新河镇、堡镇、陈家镇等主要城镇以及北湖、东平森林公园、明珠湖、东滩湿地的水景，形成生态岛水绿景观走廊

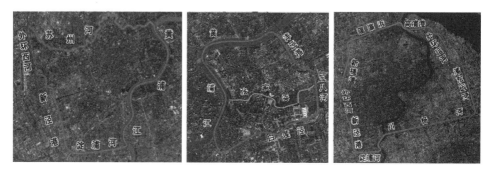

图 5-5　上海蓝道体系——西环（左）、东环（中）、外环（右）布局示意

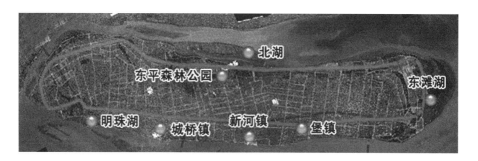

图 5-6　上海蓝道体系——崇明环岛河示意

资料来源：《上海市景观水系规划》，上海市水务规划设计研究院，2005 年.

4）五廊：5 条景观走廊

以"通江、达海、连湖、串景"为目标，重点打造水系条件较好的大治河、金汇港、淀浦河、油墩港、川杨河 5 条景观走廊,具体如表 5 - 2 所示。

表 5 - 2 景观水系走廊概况

景观走廊	区位	规模/km	概述
大治河	西起黄浦江,东至长江口	38.5	南汇"母亲河",为地区的防灾减灾、农业灌溉、工业生产、水上运输以及居民生活用水提供了有力的基础和资源保障
金汇港	北起黄浦江,南至杭州湾	21.5	纵贯奉贤区中部,浦东片南北向骨干河道,奉贤母亲河。北连黄浦江,南接海湾市级旅游度假区。沿程具有成为上海游艇产业维护、展示、交易、活动基地之一的条件
淀浦河	东起黄浦江,西至淀山湖	46	沿线汇聚丰富的自然山水美景、湖群、人文历史遗址及江南特色水乡及现代化新城,是极具吸引力的生态休闲线路,连接上海东部繁华都市和西部闲静水乡的纽带
油墩港	北起吴淞口,南至黄浦江上游	36.5	连接安亭中心镇、青浦新城、松江新城;纵贯青松低洼地区中心,同时,也是上海西部地区沟通黄浦江、淀浦河、吴淞江、蕴藻浜的南北向的骨干航道
川杨河	西起黄浦江,东至长江口	28.7	浦东地区东西向骨干河道;西段连接世博会、三林大型湿地公园和规划的城市楔型绿地,中段两岸有张江高科技园区和孙桥现代农业园区,东段建设有国际机场、华夏文化旅游区等,两岸功能各异、资源丰富

5)六湖:生态景观湖泊

结合新城和"一城九镇"规划布局,在现有淀山湖、滴水湖、明珠湖、北湖的基础上,规划新建 2 个大中型人工湖泊,分别为东滩湖、金山湖,开发湖泊的防汛调蓄、生态景观、休闲度假等功能。

东滩湖:规划于崇明东滩自然保护区西侧的生态缓冲带内,建设约 7km² 的淡水调蓄、生态景观湖泊。

金山湖:结合区域除涝和市级旅游度假区规划,于张堰镇秦望山南侧建设水面面积约 1km² 的金山湖。

5.1.3　上海生态廊道现状

生态走廊主要具有保护生物多样性、过滤污染物、防止水土流失、防风固沙、调控洪水等生态服务功能,主要由植被、水体等生态性结构要素构成,是有一定空间用地规模的城市线性生态开敞空间。根据《上海市基本生态网络结构规划》相关内容,上海规划建设了 9 条大型城市生态廊道,包括嘉宝、嘉青、青松、黄浦江、金奉、金汇港、浦奉、大治河及崇明生态走廊,形成了城市生态空间"九廊"的格局(具体如表 5-3 及图 5-1 所示)。

表 5-3　上海生态走廊规划一览

编号	生态走廊名称	规划面积(km²)	生态建设控制区面积(km²)	森林覆盖率(%)	绿地率(%)
1	嘉宝生态走廊	50.87	3.11	33	50
2	嘉青生态走廊	47.60	6.57	30	50
3	青松生态走廊	388.83	38.89	26	50
4	黄浦江生态走廊	261.36	19.55	33	50
5	金奉生态走廊	104.99	12.68	34	50
6	金汇港生态走廊	109.03	21.12	31	50
7	浦奉生态走廊	96.33	6.38	29	50
8	大治河生态走廊	174.28	12.48	33	50
9	崇明生态走廊	367.18	11.57	34	50
	小计	1 600.47	132.35		

5.2　上海郊野公园现状

郊野公园指位于城市近郊或远郊,以自然景观为主体,具有少量基础设施,为周边城镇居民和游客提供郊外游憩、休闲运动、科普教育等服务的大型公众开放性公园。根据上海郊野生态公园资源现状与建设实际,可分为郊野综合公园（包括农田、湿地、森林等多样化生态资源）和郊野森林公园（生态资源以森林为主）两大类。

5.2.1　上海郊野森林公园现状

郊野森林公园是位于城市近郊或远郊，以森林自然环境为依托，以大面积人工林或天然林为主体而建设的城市生态公园，是具有优美的景色和科学教育、游憩价值，为人们提供旅游、观光、休闲和科学教育活动的特定场所。

上海森林公园多建设于郊野公园概念引入和建设探索的过程中，依托城市森林和生态用地的规划建设，构建了包括东平国家森林公园、佘山国家森林公园、海湾国家森林公园、共青森林公园、滨江森林公园、吴淞炮台湾湿地森林公园、滨海森林公园及浦江森林公园在内的 8 处具有一定规模和少量设施，可供市民休闲、游赏的森林公园，具体情况如表 5 - 4 所示。

表 5 - 4　上海现状森林公园概况

序号	名称	规模（hm²）	区位	级别
1	东平国家森林公园	355	崇明东平林场	国家级、4A 景区
2	佘山国家森林公园	401	松江佘山镇	国家级、4A 景区
3	海湾国家森林公园	1 065	奉贤海湾镇	国家级、4A 景区
4	共青森林公园	131	杨浦区殷行街道	国家级
5	滨江森林公园	13	浦东高桥镇	地方级
6	炮台湾湿地森林公园	54	宝山区	地方级
7	滨海森林公园	360	浦东南汇镇	地方级
8	浦江森林公园	12	闵行浦江镇	地方级

5.2.2　上海郊野综合公园现状

2012 年 5 月，上海市政府批复的《上海市基本生态网络结构规划》，明确了"多层次、成网络、功能复合"的生态环境目标和"两环、九廊、十区"的生态网络总体格局，规划生态用地约 3 500km²。

遵循"聚焦生态功能、彰显郊野特色、优化空间结构、提升环境品质"的规划理念，聚焦在自然资源较好且对生态功能有影响的重要节点地区，优先在毗邻新城和大型居住社区且交通条件较好的地区,选址布局了 21 个郊野公园,总用地面积约 400km²,其具体分布如图 5 - 7 所示。

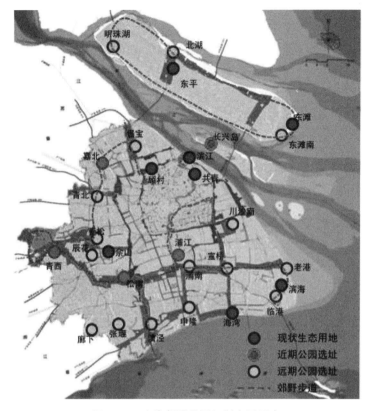

图 5 - 7　上海郊野公园规划布局示意

资料来源:《上海市基本生态网络结构规划》,上海市城市规划设计研究院,2012 年.

在规划的 21 个郊野公园中,结合自然资源禀赋、生态功能影响、公共交通条件、服务腹地人口等因素,将青浦区青西郊野公园、嘉定区嘉北郊野公园、闵行区浦江郊野公园、松江区松南郊野公园和崇明县长兴市郊野公园 5 处作为近期建设试点,总面积约 103km²。目前,5 处试点郊野公园已完成规划设计,正在施工建设之中,具体情况如表 5 - 5 所示。

表 5 - 5　试点郊野公园概况

试点郊野公园	规模(km²)	位置	特色	备注
浦江郊野公园	15.3	闵行区东南部,毗邻浦江镇地区多个大型居住社区	区位条件最好,内部林地景观突出,占公园规划面积30%	近郊都市森林型郊野公园
松南郊野公园	23.71	松江区车墩镇境内,北侧紧邻松江南站大型居住社区,西侧紧靠闵行经济开发区	"一江、八泾、四水、双岛"的水体形态,滨江水源涵养林,"米市渡"、丝网版画等历史积淀	滨江生态森林型郊野公园
青西郊野公园	22.35	青浦区西南部、淀山湖南侧,毗邻西岑镇和青浦新城	以"湖、滩、荡、堤、圩、岛"等水环境为特色,水系占公园总用地面积的40%	属于青松生态走廊
嘉北郊野公园	14	嘉定新城主城区西北部,毗邻城北大型居住社区和上海国际赛车场	现状以成片基本农田和疏林为主,自然环境良好,历史底蕴深厚	嘉定新城规划绕城森林的重要节点
长兴岛郊野公园	29.69	长兴岛东北部,东临镇东社区、南靠凤凰社区、西至青草沙水库滩涂、北依青草沙水库	"田成格,水临路,林成行,村依水"的景观格局	远郊生态涵养型郊野公园

5.3　上海都市自然地现状

基于上海城市生态空间现状,从结构、功能、营造方式及保护手段等角度出发,可以将上海的都市自然地分为生态保护区和生态林地两大类。

5.3.1　上海生态保护区现状

生态保护区通常具有一定的资源禀赋(水资源、湿地资源、动植物资源等),具有一定的规模(一般较大),具有特殊的生态、科研和休闲价值,指在涵养水源、保持水土、调蓄洪水、防风固沙、维系生物多样性等方面具有重要作用的重要生态功能区内,有选择地划定一定面积予以重点保护和限制开发建设的生态区域。其通常具有一定的资源禀赋(水资源、湿地资源、动植物资源等)和规模,具有特殊的生态、科研和休闲等多重功能价值。根据《上海市基本生态网络结构规划》等相关规划文件,现阶段上海生态保护区主要包括一级水源保护区、自然保护区、国家地质公园、国家湿地公园等类型,包括生态空间十余处,主要生态保护区如表5-6、图5-8所示。

表5-6　上海生态保护区概况一览

类型	名称	规模(km²)	级别	备注
一级水源保护区	崇明东风西沙一级水源保护区	—	市级	规模待划定
	长江口陈行一级水源保护区	6.9	市级	—
	长江口青草沙一级水源保护区	79	市级	—
	黄浦江上游一级水源保护区	4.2	市级	—
自然保护区	崇明东滩鸟类国家级自然保护区	241.55	国家级	二者有重合
	长江口中华鲟自然保护区	695.6	市级	
	九段沙湿地国家自然保护区	420	国家级	—
	金山三岛自然保护区	10.2	市级	—
国家地质公园	崇明岛国家地质公园	145	国家级	—
国家湿地公园	崇明西沙国家湿地公园	3.63	市级	—

5.3.2　上海生态林地现状

城市生态林地是为了保持水土、防风固沙、涵养水源、调节气候、减少污染而人工建设、经营的、呈现近自然风貌的城市防护、景观绿带。

上海生态林地以水源涵养林、生态恢复林、区域片林等生态林为主。经过多年的建设与布局,已具有了一定的规模。生态林地中虽少有相关服务场所与设施,但其优美的景观、舒适的环境为周边居民亲近自然、感受野趣提供了场所;同时,优质的自然生态林也为后期的改造、改建(森林公园、郊

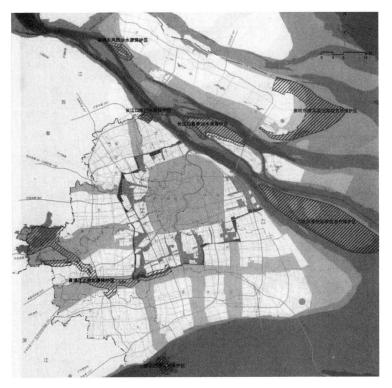

图5-8　上海主要生态保护区位置

资料来源:《上海市基本生态网络结构规划》,上海市城市规划设计

研究院,2012年.

野公园等)奠定了基础。目前,上海具有一定规模和品质的自然生态林如表

5-7所示。

表5-7　上海部分生态林地概况一览

编号	名称	建设地点	造林面积/hm²
1	浦江生态林	闵行浦江镇	212
2	嘉定千亩苗木基地	嘉定马陆	86
3	嘉宝片林	嘉定朱家桥	241
4	新场大治河生态林	南汇新场	130
5	泰日镇生态林	奉贤泰日	112
6	现代农业园区恢复自然生态林	奉贤现代农业园区	400

（续表）

编号	名称	建设地点	造林面积/hm²
7	新洪生态林	松江新洪	87
8	黄浦江水源涵养林片林	柳港	355
9	干巷生态林	金山千巷	66
10	金山片林	金山区张堰	330
11	朱家角生态林	青浦朱家角	66
12	泖河生态林	青浦练塘	634
13	崇明神态林	崇明庙镇	520
14	张江生态恢复林	浦东张江	130

5.4　上海农业休闲观光园现状

都市农业休闲观光是指把都市农业与休闲观光产业结合起来，以田园景观、农业文化和农业生产活动为主要游览对象，可供游客在都市地区进行农业观光、农事参与、休闲娱乐或农业科教科普等活动的一种休闲旅游方式。

都市农业休闲模式分为三个尺度，分别为城市尺度、产业集群尺度和农业园尺度。城市尺度为都市区农业休闲空间结构模式，重点阐释农业旅游点在城市区域内空间分布上的结构特征；产业集群尺度为都市农业旅游产业集群构建判定方法与标准；农业园尺度则提出能够指导都市农业休闲观光园开发建设的典型模式分类、模式结构与规划设计要则。

农业休闲观光园，即都市农业观光园（区）、都市农业旅游园（区）或农业旅游点，具体开发建设时另有多种不同的称谓，如农业科技园区、现代农业示范园、农业高新技术开发区、观光农场（观光农园）、休闲农业园、教育农园、农业高新技术示范基地、农业产业化示范区等。它是都市农业休闲旅游的主要载体，是以农业生产为背景，以农业、农村的自然资源和文化资源为载体，以城市居民为服务对象，围绕休闲观光、参与体验和科普教育等复合功能的开发并在城市郊区建立起来的农业观光旅游景点。

5.4.1　城市尺度：上海都市农业休闲空间"Circle 圈层＋Cluster 组团"模式

基于都市农业休闲观光园空间分布及农业园产业发展特征的调研分析,发现都市农业休闲空间一般呈现出"Circle 圈层＋Cluster 组团"的结构模式。"圈层"可以反映都市农业旅游的区域分布强度与旅游形式变化规律,"组团"则体现出都市农业旅游点的地区内合作与旅游产业集群化发展。这一模式可以指导都市周边地区的农业旅游景点在区域上的合理布局,实现优势互补,合理配置旅游资源。

上海都市农业旅游的三大"圈层"结构一方面反映了旅游强度的同心圆递减规律,即农业旅游强度最高的圈层出现在 1 小时交通圈附近,进而向外逐层递减。另一方面,不同圈层亦代表了 3 种休闲旅游形式,0.5 小时交通圈附近的农业旅游形式以居民游憩为主,1 小时交通圈附近的农业休闲形式主要为休闲体验游(1 日游),而 2 小时交通圈附近的农业休闲形式则体现为休闲度假游(多日游)。

上海都市农业休闲形成了八大组团,包括:崇中西组团、崇东组团、宝嘉组团、青浦组团、松江组团、金山组团、奉贤组团以及南汇组团。各组团空间特征体现为,组团内部旅游点大多不同类,主要包括 5 类:村镇类、农业科技示范类、农业胜景类、特色种植养殖类与农业公园类(其中村镇类、农业公园类与都市农业产业的关联度不高,不作具体阐述)。各类型彼此交通距离大多在 20 分钟之内,空间联系便捷,能够优势互补、协作发展。

5.4.2　产业集群尺度：上海都市农业休闲产业集群模式判定

都市农业休闲第二个层次的模式是为都市农业休闲产业集群判定模式,即对特定空间区域内都市农业休闲产业发展阶段进行分析,辨识其是否已经发展成为产业集群,进而可以通过产业集群理论对该地区的产业经济进行优化指导。其判断标准与过程如下:

1) 产业规模判定

要成为农业旅游产业集群,首先要同时满足以下两个规模标准:

(1) 集群内部至少存在 5 家或者 5 家以上的旅游企业;

(2) 年吸引游客量在 5 万人以上,年旅游收入在 100 万元以上。

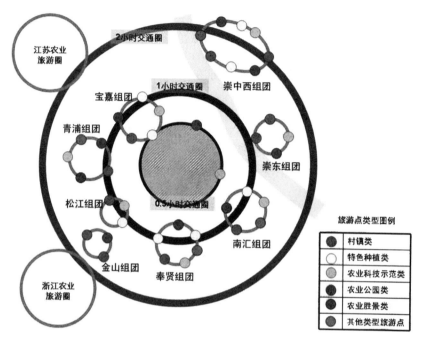

图 5 - 9　上海都市农业休闲的空间结构模式

资料来源:《都市现代农业结构与技术模式》,上海交通大学出版社, 2014 年.

2) 产业关联程度判定

根据修正的旅游经济联系强度计算公式,

$$R_{ij} = \frac{\sqrt{P_i T_j} \cdot \sqrt{P_i T_j}}{D_{ij}^2}$$

3) 产业聚集程度判定

产业聚集程度可以通过都市农业旅游资源面积区位熵、旅游企业区位熵、旅游收入区位熵和游客人数区位熵来判断(见**表 5 - 8**)。区位熵值表达为:

$$LQ_i = (d_i / \sum_{i=1}^{n} d_i)/(D_i / \sum_{i=1}^{n} D_i)$$

熵值低表示产业聚集区内部发展封闭,产业聚集程度不高;区位熵值高说明产业聚集区内产业的集中程度高。

表 5 - 8　都市农业旅游产业集群区位熵指标计算表

序号	区位熵指标	数值指标	作用
1	农业旅游资源面积区位熵	面积大小	农业旅游聚集的条件
2	农业旅游企业区位熵	企业个数	农业旅游企业的空间聚集程度
3	农业旅游收入区位熵	旅游收入	农业旅游聚集效果
4	农业旅游游客人数区位熵	游客人数	农业旅游聚集效果

一般认为,产业聚集区域的区位熵值未能达到 1,则不认为该区域的产业聚集现象达到能够形成产业集群的程度。因而如果计算出的都市农业旅游产业聚集区区位熵的值大于 1,则认为该区域能够产业聚集现象可以形成产业集群,可以利用产业集群理论对该区域的未来产业发展进行规划。

截至 2012 年,上海市有近 200 个农业旅游景点,根据上述产业集群判断标准,已形成了七个都市农业旅游产业集群(见图 5 - 10),其构成与上海市农业旅游空间结构模式中的组团基本吻合。对这七处都市农业旅游产业集群可以利用产业集群理论来促进发展和规模扩大,而对于非产业集群的农业旅游点则可以首先将"农业旅游集群"作为其发展目标。

5.4.3　农业园尺度:基于调研的上海农业休闲观光园现状分析

上海农业休闲观光园经过多年的发展,已形成一定的规模与样本总量,通过前两个尺度的分析与研究,选取位于不同组团和产业集群中的农业休闲观光园进行调研走访,并对收集到的资料进行分析,以了解上海农业休闲观光园现状。

1) 调研样点及其开发模式

根据上海农业休闲观光园的发展与特色,可发现其开发模式主要有以下三类:

(1) 特色种养殖型开发模式:以农业种植资源和农业养殖资源为主要旅游吸引物。依托农业种植、养殖资源条件禀赋,以农业特色作物的种植和特色动物的养殖为主题,园区的旅游项目以游客参与式活动为主,依靠农产品采摘、餐饮、住宿等旅游方式获得收入。

(2) 农业胜景型开发模式:以农业、农村景观资源为主要旅游吸引物的

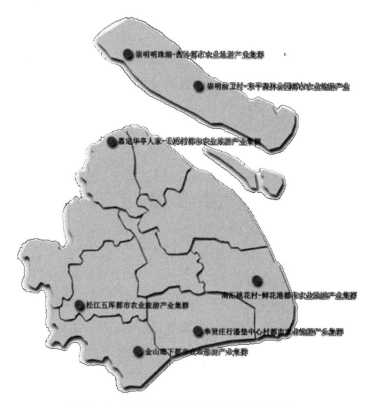

图 5-10　上海都市农业休闲产业集群分布图

资料来源:《都市现代农业结构与技术模式》,上海交通大学出版社,
2014 年.

农业胜景型都市农业观光园。以观光旅游为主体,依靠门票销售和餐饮、住
宿类产品获得收入,农业生产所占收入的份额很少,农业作为旅游吸引物或
作为田园景观发挥作用。

　　(3)科技示范型开发模式:以展示现代农业科学技术,多功能复合型的
科技示范型都市农业观光园。依托科技资源禀赋,进行现代农业生产,采用
先进的农业科技,主要通过展示农业生产技术和传播农业科技教育等方式
获取收入,该类园区一般都是发展农业产业化经营,拥有研发中心、连锁机
构或农业加工企业等。

　　由上所述,调研的 20 处农业休闲观光园基本现状及其所属开发模式如
表 5-9、图 5-11 所示。

表 5 - 9　调研样点及其开发模式一览

编号	样点名称	位置	开发模式	开发方式	旅游吸引力
1	一亩田有机农庄	崇明向化镇	特色种养型	特色农产品生产销售农业种养殖参与体验	生态环境质量品质优、丰富度较高；
2	崇明开心农庄	崇明向化镇			
3	西来农庄	崇明绿华镇			
4	马陆葡萄主题公园	嘉定马陆镇			农业种养殖产品数量多、种类较丰富、品质好、适宜开发旅游；
5	上海四季百果园	青浦朱家角镇			
6	玉穗绿苑	奉贤拓林镇			
7	花果山百枣园	奉贤青村镇			旅游项目价值可参与度高、季节性明显
8	多利农庄	浦东大团镇			
9	崇明玫瑰园	崇明建设镇	农业胜景型	农业生产过程参观；农业生产景观游赏；农村生活体验娱乐	生态环境质量品质优、植被覆盖率较高；
10	明珠湖公园	崇明绿华镇			
11	瀛东生态村	崇明陈家镇			
12	寻梦园香草农场	青浦朱家角镇			农业景观质量美感度高、完整度高、代表性较强、与旅游发展协调性高；
13	大千生态庄园	青浦朱家角镇			
14	陶家湾休闲农庄	闵行浦江镇			
15	上海鲜花港	浦东书院镇			
16	金色田园	奉贤庄行镇			旅游项目价值丰富度高、趣味性强、地域性明显
17	南汇桃花村	浦东海湾镇			
18	中新泰生示范农场	崇明现代农业开发区	科技示范型	现代农业科技示范科技产品规模销售	生态环境质量品质优、植被覆盖率较高；主要生产资源循环利用率高、生产资源节约程度高、大棚温室等现代农业生产技术应用程度高、技术化含量高、农业生产技术应用与推广价值高；旅游项目价值丰富度高、教育意义大
19	都市菜园	奉贤海湾镇			
20	孙桥现代农业园区	浦东孙桥镇			

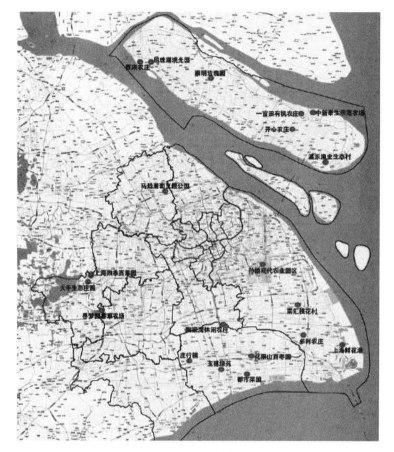

图 5 - 11　调研样点分布

2）上海休闲农业观光园现状

（1）样点区位。

从区位上看，各个样点选址都位于城市 2 小时交通范围内。其中，75%
的特色种养殖型农业休闲观光园位于 1 小时交通圈层内；农业胜景型农业休
闲观光园的选址讲究自然环境条件的优越，离城市稍远，分布在 1.0—2.0 交
通圈层内的样本有 44%；而科技示范型园区选址对城市的发展具有较强的
依赖性，2/3 分布在 1 小时交通圈内。具体如图 5 - 12 所示。

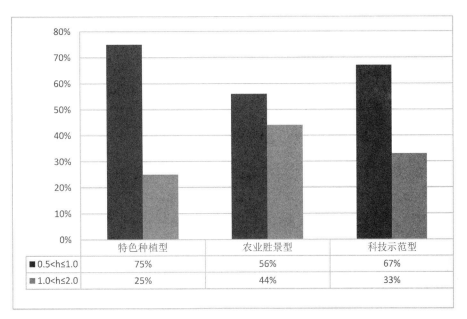

	特色种植型	农业胜景型	科技示范型
■ 0.5<h≤1.0	75%	56%	67%
■ 1.0<h≤2.0	25%	44%	33%

图 5 - 12　不同类型样点交通区位比较图

（2）样点规模。

经调研数据统计,20 处样点规模分布如表 5 - 10 所示。87.5%的上海特色种养殖型样本的面积小于 1 500 亩;农业胜景型的规模特征分布较为均衡。科技示范型园区的规模适中偏大。三种模式农业休闲观光园的平均面积大小为特色种养殖型＜科技示范型＜农业胜景型。

表 5 - 10　样点规模分布

类型	面积分布（亩）	分布频数（个）	分布频率（%）	平均面积（亩）
特色种养型	小于 500	3	37.5	652.5
	500～1 500	4	50.0	
	大于 1 500	1	12.5	
农业胜景型	小于 500	3	33.3	3 817.8
	500～1 500	3	33.3	
	大于 1 500	3	33.3	

（续表）

类型	面积分布（亩）	分布频数（个）	分布频率（%）	平均面积（亩）
科技示范型	小于 500	0	0	960
	500～1 500	3	100	
	大于 1 500	0	0	

（3）样点农业生产资源与游览项目。

在调研 20 个上海都市农业休闲观光园样本后，对各个样点的农业生产要素和主要游览进行梳理，如表 5-11 所示。不同开发模式的农业休闲观光园在农业生产要素和游览项目上有着不同的侧重。特色种养型农业园以一种或几种作物为依托，以此开展农事参与为主、餐饮娱乐等其他项目辅助的休闲活动；农业胜景型农业园以园内特色作物或风景资源为基础，主要开展观光游览、餐饮娱乐为主的休闲活动；科技示范型农业园则依托现代科技的应用与展示，在起到科技示范与科普作用的前提下，开展农事参与、游览观光、餐饮娱乐等活动。

表 5-11　样点农业生产要素和主要游览项目一览

大类	编号	样点名称	农业生产要素	主要游览项目
特色种养型	1	一亩田有机农庄	蔬菜，有机技术	游赏，技术示范，购物
	2	崇明开心农庄	露天/大棚果蔬，动物，无公害蔬菜栽培	农事参与，购物，餐饮，住宿
	3	西来农庄	橘园，蔬菜，玫瑰园	农事参与，游赏，餐饮，住宿，购物；柑橘节
	4	马陆葡萄主题公园	葡萄	农事参与，购物，娱乐，餐饮
	5	上海四季百果园	果蔬，水体	餐饮娱乐，住宿，游赏，农事参与，购物

（续表）

大类	编号	样点名称	农业生产要素	主要游览项目
特色种养型	6	玉穗绿苑	葡萄	农事参与,购物,餐饮娱乐,住宿
	7	花果山百枣园	枣树	游赏,餐饮,住宿,农事参与
	8	多利农庄	蔬菜,有机蔬菜种植	购物,农事参与
农业胜景型	9	崇明玫瑰园	玫瑰,玫瑰精油产品,精油提炼	游赏,餐饮,购物
	10	明珠湖公园	生态水体,水源涵养林	游赏,娱乐
	11	瀛东生态村	生态鱼塘,橘园	餐饮,住宿,农事参与,娱乐
	12	寻梦园香草农场	香草植物	游赏,餐饮,娱乐
	13	大千生态庄园	果树,观赏动物	游赏,餐饮,住宿,娱乐
	14	陶家湾休闲农庄	蔬菜,果树,动物	农事参与,餐饮,住宿,游赏
	15	上海鲜花港	花卉,花卉品种培育	游赏,购物;花展
	16	金色田园	油菜,果蔬	游赏,餐饮,住宿,娱乐;菜花节
	17	南汇桃花村	桃树,桃花	游赏,餐饮,农事参与;桃花节
科技示范型	18	中新泰生示范农场	动物,农作物,生态循环养殖	游赏,农事参与,技术示范,餐饮,住宿
	19	都市菜园	蔬菜	技术示范,农事参与,购物,娱乐
	20	孙桥现代农业园区	果蔬,动物;传统农具展示,现代农业生产科普;自控温室育苗,无土栽培	技术示范,农事参与,娱乐,餐饮

（4）样点功能区划。

　　参照王海龙、何斌等对农业观光园分区规划内容的总结,将上海都市农业观光园的功能区划分为农业生产区、科技示范区、观光娱乐区、配套服务区四类。不同类型农业休闲观光园功能区平均占比如图5－13所示。

　　从功能区划上看,特色种养殖型的农业生产功能居于园区开发主体地位;农业胜景型都市农业观光园内观光娱乐功能更为突出;而科技示范性都市农业观光园内科技示范功能较之其他类型的都市农业观光园有了明显的增加。

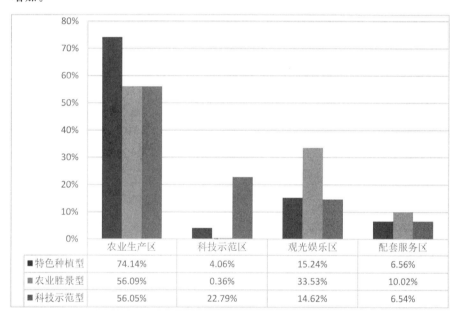

	农业生产区	科技示范区	观光娱乐区	配套服务区
■特色种植型	74.14%	4.06%	15.24%	6.56%
■农业胜景型	56.09%	0.36%	33.53%	10.02%
■科技示范型	56.05%	22.79%	14.62%	6.54%

图5－13　不同类型样点功能区划构成比较

5.5　上海市域生态开敞空间总体分析

　　基于对上海市域生态开敞空间现状的充分了解,对市域生态开敞空间的总体布局进行分析,最后针对上海实际情况,提出上海市域生态开敞空间资源禀赋与开发利用过程中存在的问题。

5.5.1　上海市域生态开敞空间现状总体布局

　　将线性生态空间、郊野生态公园、都市自然地以及农业休闲观光园空间

分布（含规划）综合在一张图中，得到上海市市域生态空间现状分布图，如图
5 - 14 所示。

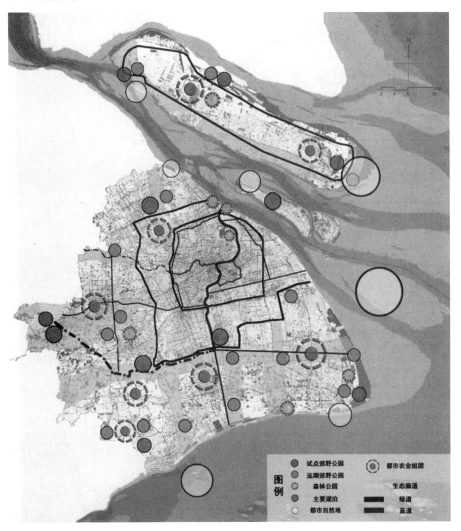

图 5 - 14　上海市域生态开敞空间分布

　　由图 5 - 14 可知，就生态开敞空间分布的空间区位而言，多数类别的市
域生态开敞空间主要分布于主城区之外，且多分布于城市远郊区域，如大部
分郊野公园、都市自然地和部分农业休闲观光园等；近郊区域的生态开敞空
间则以森林公园、休闲农业观光园和及部分郊野公园为主；城市蓝道则贯穿

城区和郊区。

就生态开敞空间分布的聚集程度而言,主要形成了五大片区,包括以休闲蓝道为主的中心城片区、以生态廊道、郊野公园和农业休闲观光园为主的西北片区、以生态廊道、森林公园、郊野公园和生态保护区为主的东南片区、各类生态开敞空间相对密集分布的西南片区以及崇明生态岛片区。各片区基本划分及资源禀赋如表5-12所示。

表5-12　现状生态开敞空间聚集片区概况

片区名称	范围	资源禀赋	主要服务人群
中心城片区	外环线以内及周边,城市中心城区	城市蓝道,建成区滨水空间及沿线公园绿地	中心城区居民及游客
西北片区	主要包括宝山区和嘉定区	森林公园、郊野公园(嘉北郊野公园)、农业休闲观光园(嘉宝组团)及生态廊道(嘉青、嘉宝)	城市西北、北部片区居民
东南片区	主要由浦东新区(中心城区以外)、奉贤区构成	生态走廊(金汇港、浦奉、大治河生态走廊)、森林公园(滨海森林公园)、郊野公园、农业休闲观光园(南汇组团、奉贤组团)	城市东部、南部居民
西南片区	主要由青浦区、松江区和金山区构成	农业休闲观光园(青浦组团、松江组团、金山组团)、郊野公园(松南、青西郊野公园)、森林公园(佘山)、都市自然地(淀山湖)、生态走廊(金奉、黄浦江、青松)	上海城市居民(南部为主)及游客
崇明生态岛片区	崇明区	农业休闲观光园(崇东、崇中西组团)、森林公园(东平)、郊野公园(长兴岛郊野公园)、都市自然地(东滩、西沙)、休闲蓝道、崇明生态走廊	上海城市居民及游客

上海的市域生态开敞空间在空间分布上还表现出强烈的沿水分布的特性。黄浦江成为城市重要的景观水轴,试点5个郊野公园有3个沿黄浦江分布,其周边更分布有黄浦江水源保护区、奉贤/松江休闲农业组团等;同时,

油墩港、金汇港、大治河两侧亦分布有大量生态开敞空间。

后期规划过程中,应针对不同片区生态开敞空间的资源禀赋及其发展程度的不同,提出不同的发展策略,以更好地指导市域生态开敞空间的开发利用和保护。

5.5.2　上海市域生态开敞空间现状主要存在问题及对策

1) 主要存在的问题

结合上海市域生态开敞空间现状、规划建设实际与相关分析,总结其主要存在以下 3 方面问题:

(1) 总量上:用作休闲空间开发利用的生态开敞空间少。上海建成区外包括耕地、林地、园地、内陆湿地等在内的生态开敞空间总量丰富,约占城市陆域总面积的近 57%(约 3 895 平方公里)。但现状可直接利用、用作休闲的空间严重不足,郊野公园尚未完成建设;现状森林公园总面积约 2 391 公顷,每万人森林公园面积近 1 公顷,合人均 1 平方米森林公园;各处生态自然保护区基于保护的需要,并不以休闲游憩为主要功能,且大多位于城市远郊。每年不同时节见诸报道的森林公园等生态空间游人总量过多的报道,亦从侧面证实了生态开敞空间现状难以满足上海居民日益增长的郊野休闲需求。

(2) 空间结构层面:不同类型空间之间缺乏有效连接。农业休闲观光园、森林公园、郊野公园、生态保护区等生态空间功能节点之间缺乏串联与有效连接,生态开敞空间现状并未联系成一个有机的整体。

(3) 规划建设层面:生态空间建设相对滞后。针对市域生态开敞空间现状难以满足居民的郊野休闲需求的问题,上海开展了一系列的休闲生态空间规划与建设。但较之于城市居民不断快速增长的休闲需求,生态空间建设仍稍显滞后。

2) 问题对策

(1) 梳理资源现状,加快可利用空间规划建设。通过现场踏勘、资源评价等方式对上海各个类型市域生态开敞空间进行资源梳理与评价,对现状生态开敞资源进行分类,确定可开发的生态空间,并加以利用。

(2) 以人为本,规划建设时充分考虑居民的休闲需求。生态开敞空间开发利用时,要本着"以人为本"的原则,充分考虑城市居民郊野休闲游憩的需求和偏好,构建能够满足城市居民需求的生态空间。

（3）加强绿道、蓝道等连接性廊道的规划与建设。通过休闲蓝道、绿道和生态廊道的建设,有效串联各个生态空间节点,增加各个生态开敞空间功能样点之间的联系,构建更为整体的市域生态开敞空间体系。

第6章 上海城市居民公共开放空间休闲活动和需求特征分析

在对上海城市居民人口构成分析的基础上,通过问卷调查的方法,分析上海居民公共开放空间休闲活动的选择偏好及其需求特征,并对比不同性别、年龄和文化程度的居民在休闲活动方面的差异化特征,总结并提出了上海居民公共开放空间的休闲发展趋势。

6.1 上海城市居民人口学特征

参考2010年第六次全国人口普查数据和《上海市城市总体规划(1999—2020)实施评估报告(简稿)》,对上海城市居民的人口学特征做简要的总结分析。

6.1.1 总量特征

人口总量上,上海主要体现出"总量持续增长、外来人口较多"的特征。2010年"六普"数据显示,上海常住人口已达 2 301.9 万人(中心城约 1 132 万人,占全市 48.5%),同 2000 年"五普"时的 1 640.8 万人相比,10 年共增加 661.1 万人,增幅为 40.29%。截至 2012 年底,全市常住人口达到 2 380 万人,2012 全年常住人口出生 22.61 万人,常住人口死亡 12.68 万人。常住人口出生率为 9.56‰,常住人口死亡率为 5.36‰,常住人口自然增长率为 4.2‰。机械增长构成人口增长的主体。至 2013 年 10 月末,上海市常住人口超过 2 500 万人。

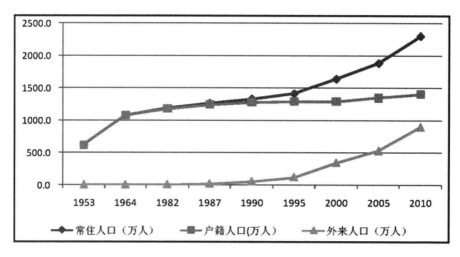

图 6 - 1　上海历年人口变化

资料来源:《上海市城市总体规划(1999—2020)实施评估报告(简稿)》,上海市规划和国土资源管理局,2014.

　　户籍人口增长缓慢,外来人口主导城市人口增长:2000—2010 年,外省市来沪常住人口占上海常住人口比重由"五普"的 18.6% 提高到 39%,常住人口增量 661.1 万人中,外来常住人口增长 591.96 万人,户籍人口比重逐年降低。

6.1.2　分布特征

　　人口空间分布上,上海体现出"内多外少,圈层递减"的特征,圈层递减特征明显:全市有 50% 的人口集中于中心城区,其中内环以内占 30%,内中环之间占 33%,中外环之间占 36%;有 17% 的人口集中于中心城周边地区;33% 的人口集中于郊区,其中新城常住人口为 232 万人,积聚了郊区 30% 的人口。

表 6 - 1　上海市不同圈层人口分布情况

范围	面积 (km²)	常住人口 (万人)	常住外来人 口(万人)	常住人口密 度(万人/km²)	常住外来人 口密度(万人/km²)
中心城区	663	1 132	326	1.71	0.49
中心城区周边	883	443	244	0.50	0.28

（续表）

范围	面积（km²）	常住人口（万人）	常住外来人口（万人）	常住人口密度（万人/km²）	常住外来人口密度（万人/km²）
新城	858	232	98	0.27	0.11
其他地区	4 383	496	230	0.11	0.05
全市总计	6 787	2 303	898	0.34	0.13

表 6 - 2　上海各区县人口分布情况

地区	数量（人）	地区	数量（人）
黄浦区	42 989	闵行区	2 429 372
卢湾区	248 779	宝山区	1 904 886
徐汇区	1 085 130	嘉定区	1 471 231
长宁区	690 571	浦东新区	5 044 430
静安区	246 788	金山区	732 410
普陀区	1 288 881	松江区	1 582 398
闸北区	830 476	青浦区	1 081 022
虹口区	852 476	奉贤区	1 083 463
杨浦区	1 313 222	崇明区	703 722

6.1.3　年龄结构

第六次人口普查数据显示：全市常住人口中，0～14 岁的人口为 1 985 634 人，占 8.63%；15～64 岁的人口为 18 703 674 人，占 81.25%；65 岁及以上的人口为 2 329 840 人，占 10.12%。同 2000 年第五次全国人口普查相比，0～14 岁人口的比重下降 3.63 个百分点，15～64 岁人口的比重上升 4.97个百分点，65 岁及以上人口的比重下降 1.34 个百分点。

城市人口年龄上呈现出"人口寿命不断延长，老龄少子化趋势加深"的趋势：根据联合国 65 岁以上老人 7%的标准，上海已经进入了老龄化社会。参照第六次人口普查数据，上海常住人口金字塔呈现"上尖下窄中宽"的形态，全市户籍人口最高峰出现在 45～64 岁年龄段，老龄少子化特征日益明显。而外来人口主要集中在 20～44 岁年龄段,为户籍人口的 1.5 倍以上,减弱了上海总人口老龄化的程度。

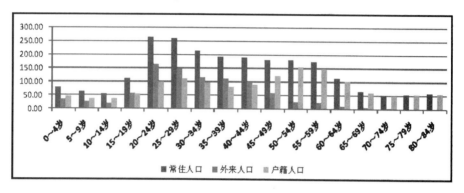

图 6 - 2　2010 年上海市人口年龄结构(单位:万人)

资料来源:《上海市城市总体规划(1999—2020)实施评估报告(简稿)》,上海市规划和国土资源管理局,2014.

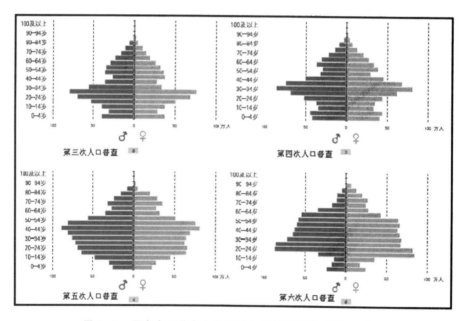

图 6 - 3　历次人口普查上海常住人口"金字塔"(单位:万人)

资料来源:《上海市城市总体规划(1999—2020)实施评估报告(简稿)》,上海市规划和国土资源管理局,2014.

6.1.4　文化结构

1) 高学历人才增长迅速

同"五普"相比,大学文化程度的人口增加了近 1 倍,特别是具有研究生以上文化程度人口,从"五普"的 7.62 万人上升为"六普"的 42.18 万人,每 50 个常住人口中就有一个研究生。

2) 外来常住人口文化素质有所提高

2010 年,在沪 6 岁及以上的常住外来人口中,大专及以上文化程度的人口比例为 14.1%,高中及以上文化程度人口所占比例为 16.3%,较之前比例有所上升。

6.2　上海城市居民公共开放空间休闲活动和需求特征调查

6.2.1　上海城市居民公共开放空间休闲活动和需求特征的问卷调查法

基于对上海市公共开放空间休闲游憩的初步了解,设计了封闭式的问卷调查表,采用简单随机的抽样方式,于调研的 8 个样点中选取有能力完成填表的居民发放问卷,通过问卷收集城市居民休闲基础数据。在数据处理上应用社会科学统计软件 SPSS18.0 为研究的主要辅助工具,对问卷获取的数据进行编码、录入和统计分析,结合 EXCEL 软件对分析的结果进行图表制作和说明。

本次问卷调查,分两次发放问卷。第一次于 7 月中旬,首批六个样点调研时发放问卷。此次共发放问卷 900 份,每个样地 150 份;回收问卷 830 份,回收率 92.22%;剔除无效问卷 44 份,共得有效问卷 786 份,有效率达 94.70%。

经第一次问卷和项目中期咨询,针对专家提出的问题及第一次问卷反映出的个别现象,在进一步明确调研目的后,修改得到第二次问卷(问卷见附录),并于九月初发放了第二次问卷。此次共发放 250 份,剔除空白及无效问卷,共回收有效问卷 213 份,回收率达 85.2%。

6.2.2　问卷调查人群的人口学特征

1) 受访者性别构成与年龄构成

此次被调查的居民中,男性居多,共计 122 人,占总样本量的 57.3%;女性 91 人,占总数的 42.7%。

问卷将受访者年龄分为 18 岁以下、18～25 岁、26～35 岁、36～45 岁、46～60 岁及 60 岁以上 6 个年龄段。受访者年龄分布如图 6-4 所示,以 18～25 岁和 26～35 岁的青年人为主,分别占总数的 32.4% 和 39.4%;其次是 60 岁以上的老年人和 36～45 岁的中青年,分别占 11.3% 和 8.9%;45～60 岁的壮中年人和 18 岁以下的青少年比例较低,仅占总数的 4.7% 和 3.3%。

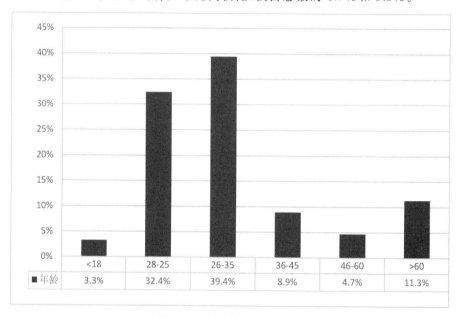

图 6-4　受访者年龄构成图

2) 受访者收入构成与职业构成

受访者个人月收入情况如图 6-5 所示。收入主要分布在 2 000～5 000 元和 5 000～8 000 元区间段,比例分别占到受访者总数的 38.0% 和 28.6%;其次为 8 000 元以上的高收入区间段,占总人数的 22.5%;2 000 元以下的低收入人群比例最少,仅占 10.8%。

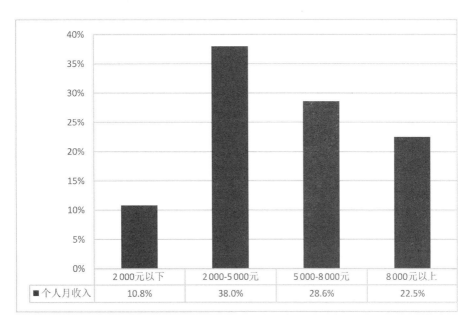

图 6 - 5　受访者个人月收入

受访者职业构成上具有一定的多样性（见图 6 - 6），多集中在企事业单位（27.7%）、自由职业（16.0%）和学生（11.7%）这三类人群，有 3.8% 的居民从事于教育、卫生或者科研相关职业，1.9% 的文体从业人员主要指文化、体育、娱乐业等行业的工作者；公务员比例较低，仅占 0.5%；而占有 10.3% 的无职业人群基本为退休的老年人。

3）受访者户籍构成和文化程度构成

调查发现，受访人群外来人口比例略高于上海本地居民，其中外来人口占总人数的 56.3%，户籍人口占 43.7%。同时，过半的外来人口中，居住年数超过半年以上的常住人口占绝大多数，达 85.2%。考虑到此次研究的休闲主体以包含常住居民在内的上海城市居民为主，就受访者户籍构成而言，基本与上海总体人口趋势吻合，较能反映上海居民休闲现状。

而文化程度的构成反映出学历偏高的总体特征，拥有本科及以上学历的居民占 69%，涵盖了一半以上的人群。

由上分析可知，本课题组此次问卷调查人群的人口学特征与上海人口普查数据的人口学特征基本一致，可以此调查分析的结果在一定程度上代

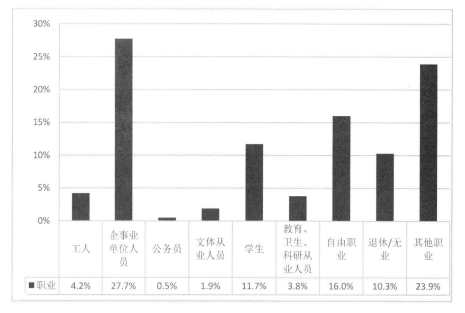

图 6 - 6　受访者职业构成

表上海城市居民休闲活动和需求的特征,具体分析将在以下各小节展开。

6.2.3　上海城市居民公共开放空间休闲活动方式选择分析

本节分别从休闲时间的占有、休闲同伴的选择、休闲场所的选择以及休闲活动类型的选择四个方面对上海居民公共开放空间休闲方式选择倾向进行综合分析。

1) 休闲时间的占有

根据调查结果(见图 6 - 7),总体上居民多集中在一天的后半段进行休闲活动。其中,以下午最为突出,一直延续到晚上都属于高强度活动时段,活动人数占比超过 1/3。需要强调的是,居民活动的时间段并不是唯一的,有部分居民会选择一天中的多个时间段参与休闲。清晨和上午分别只有 9.4% 和 8.5% 的居民选择,与实际所观察到的大量人群开展广场舞、交谊舞、跳操、唱歌等休闲活动的实际情况相悖。推断原因一方面在于实际观察到的多为老年人群,而问卷发放的对象多为年轻人,调查结果也相对比较偏向年轻人的喜好;另一方面,通常在清晨和上午居民开展休闲活动一般都集中在公园,能选择的场所有限,并且参加广场舞等活动的居民也通常是一部分有此兴趣爱好的固定对象,所针对的人群也有限。因此,相较而言,下午可能有更多的空间方便人们进行逛街购物、观光游览等其他类型的各种活动。而中午选择的人最少,说明该时间段不适宜休闲的开展。

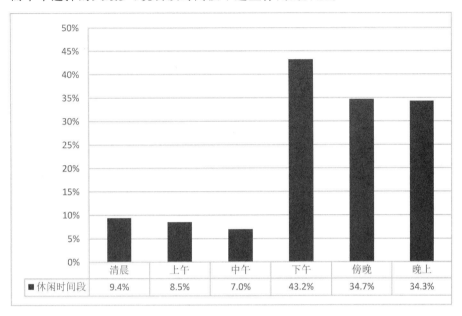

图 6 - 7　受访者休闲活动时间段

　　休闲时间的分配决定了休闲的强度。居民每天用于休闲的时间因工作日和节假日而异,但总体趋势一致(见图 6 - 8),随着休闲长度的增加,选择的人数呈"先增加后减少"的趋势。一般工作日,人们的每日休闲时间以 2～3 小时/天为主,占总量的 46.0%,有 15.5% 的居民在 3～5 小时,有 10% 的休闲时间超过了 5 小时。周末或节假日每日休闲时间上升到以 4～8 小时/天为主,占总量的 36.6%,甚至有 15.5% 的居民超过了 12 小时/天,但仍存在 32.9% 的居民休闲时间不足 4 小时。通过累计总结一半以上人群的休闲时间特征发现,工作日有 61.5% 的居民平均每天休闲时间以 3 个小时为中心上下浮动;周末有 69.5% 的居民约为 4 小时左右,有 51.6% 的居民则以 8 个小时为中心上下浮动。因此随着闲暇时间的增加,人们进行休闲活动的可能性相应增加。

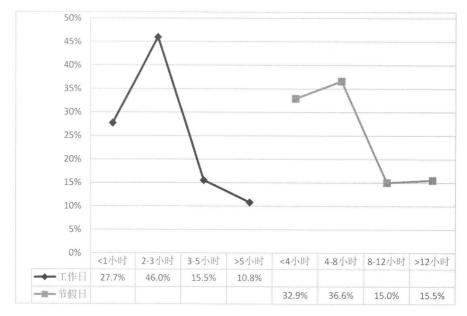

图 6 - 8　受访者休闲活动时长

2) 休闲同伴的选择

休闲同伴是人们参与休闲活动的个体与群体关系的体现,休闲同伴选择是休闲活动价值取向的首要因素。调查结果显示(见图 6 - 9),居民参与休闲活动基本都以友情或亲情为基础,是人们解除工作疲劳或降低生活压力最为直接的选择。分别有 75.6% 和 48.4% 的受访者选择朋友或家人作为休闲活动同伴,特别是对朋友的偏爱远大于对家人的依赖,体现了居民开放性的社会价值倾向,这将有利于促进社会和谐并扩展人际关系,增进友谊;而一定程度的家庭取向同样能够促进家庭和谐,亲情融洽,消除代沟,增进向心力。

3) 休闲场所的选择

(1) 建成区休闲场所的选择。

休闲场所是休闲活动方式实现的空间载体。在时空二元对应的变化态势中,居民不同的休闲方式所依赖的场所会有所不同,而居民对休闲场所的偏好意向有利于权衡不同类型休闲场所的发展力度。调查结果表明(见图 6 - 10),在城市建成区内公园仍然是大部分居民(60.6%)选择开展休闲活动

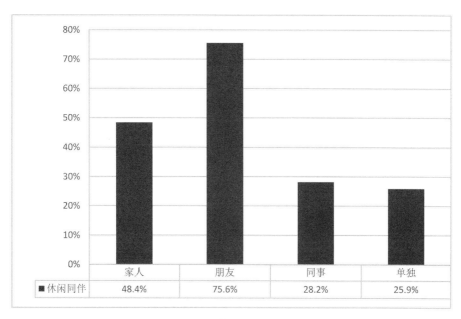

休闲同伴	家人	朋友	同事	单独
	48.4%	75.6%	28.2%	25.9%

图 6 - 9　受访者休闲同伴选择

的主要地点,其良好的自然植被环境和丰富的景观空间为休闲的开展创造了有利的条件。其次是各种类型的广场(51.2%)和休闲街道(37.1%)。通过图示可以看出,有部分居民同时选择了两种及以上的场所,并且居民对公园、广场和街道的选择比例在一个较为合理的差距范围内,符合理论意义上的需求。而社区活动中心与居民的日常生活息息相关,同时也最方便居民进行休闲娱乐,但仅有 6.1% 的人选择。一方面突出了现状社区休闲功能的薄弱已满足不了居民日益增长的游憩需求;另一方面也反映了居民对社区以外的城市层面的休闲空间更加强烈的偏好,居民休闲场所的范围开始逐渐扩大。

(2) 市域生态开场空间休闲场所的选择。

根据调查数据的统计分析,超过 3/4 的居民(76.2%)每月都会前往离居住地较远的市域生态开敞空间开展相关休闲活动,其中有 17.7% 的人每周都去。由此可见,各类生态开敞空间已逐步成为人们休闲的选择。为了解居民生态开敞空间休闲场所的偏好,针对居民常去的生态开敞空间类型(主要为农业休闲观光园、郊野公园、森林公园和河流、湖泊、湿地等都市自然

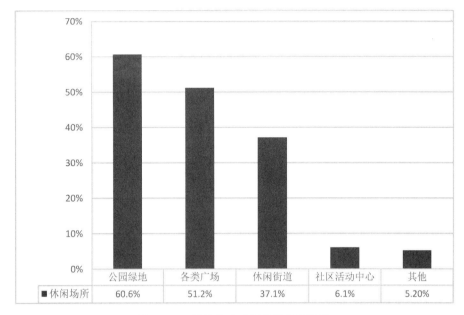

	公园绿地	各类广场	休闲街道	社区活动中心	其他
■休闲场所	60.6%	51.2%	37.1%	6.1%	5.20%

图 6 - 10　受访者建成区休闲场所选择

地)设置了问题。统计结果如图 6 - 11 所示:居民理想的生态开敞空间休闲场所中,森林公园(42.0%)最受欢迎,其次是河流湖泊(39.9%)和郊野公园(35.3%)。森林公园和河流、湖泊、湿地公园等受欢迎与上海市域分布有较多高质量的相关类型生态空间有一定联系;而上海郊野公园尚未建设完成,但人们依旧体现出了一定的场所偏好。想前往农业休闲观光园进行休闲的居民比例较低,可能与上海周边农业休闲观光园较多,人们参与相关休闲次数过多有关。

4)休闲活动类型的选择

根据居民偏好的活动类型的比例降序排列可直观看出(见图 6 - 12),在设计的近 30 个选项中,排名在前十位的休闲活动依次为郊野观光(67.1%)、散步(58.2%)、慢跑(48.4%)、逛街购物(44.6%)、聊天(43.7%)、户外游乐活动(37.1%)、球类(35.2%)、户外休闲餐饮(35.2%)、市区游览(34.3%)和拍照摄影(25.4%)。这十项活动基本包括了生活类、健身类、娱乐类、生活类等方面的内容,较为全面,应当考虑重点发展。特别是"郊野观光"的大受欢迎,反映了居民在长期的城市环境中萌生的对自然生态的强烈需求,郊野公

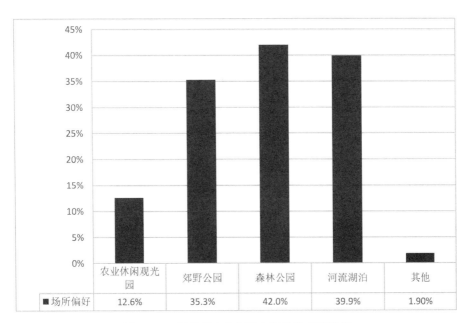

	农业休闲观光园	郊野公园	森林公园	河流湖泊	其他
■场所偏好	12.6%	35.3%	42.0%	39.9%	1.90%

图 6 - 11　受访者生态开敞空间休闲场所偏好

园、农业生态园、森林公园等郊区观光场所将逐渐兴起,成为人们闲暇之余休闲游憩的好去处。尽管郊野观光优势明显,但体育健身类的传统方式仍然占据着居民日常休闲活动的重要内容,特别是以散步、慢跑以及球类这些大众化的运动锻炼为主。而随着人们对逛街购物的重视,强调了休闲商业作为城市休闲系统的核心组成部分所发挥的作用。

排名在中间十位的休闲活动依次为带小孩(24.4%)、弹琴唱歌(23.9%)、体育器材(21.6%)、棋牌活动(18.8%)、自行车运动(17.8%)、志愿者活动(16.4%)、跳操瑜伽(14.1%)、书法绘画(14.1%)、宠物遛弯(12.7%)和舞蹈(10.3%)。这些活动多数公园内可经常见到,可见公园是建成区公共开放空间的重要节点。而城市骑行热潮的高涨,使自行车运动这项新型休闲方式开始受到更多人的喜爱和追捧,未来的规划建设应当予以考虑配给一定的自行车活动空间。当公众参与的概念被广泛传播,也逐渐加强了人们的公益活动意识。16.4%的偏好度从一定层面上反映了居民对休闲的理解已经不再仅仅是通过"自我参与"去"获得"体验,也不再是传统意义的"吃喝玩乐",志愿者活动作为居民休闲方式之一,应当得到积极的鼓励和宣传,

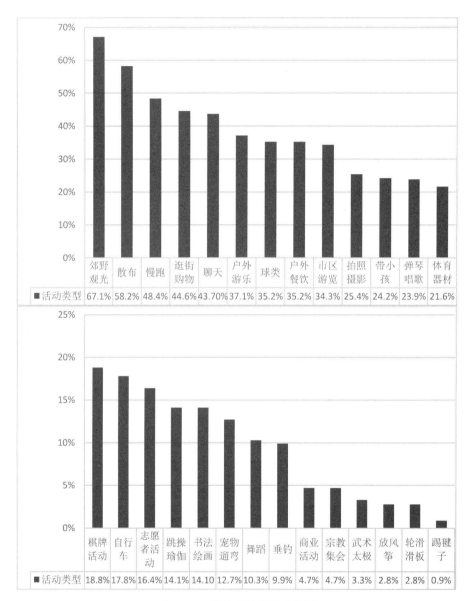

图 6 - 12　受访者休闲活动偏好

使其成为城市休闲体系的一大亮点。

　　除了图表中给定的近 30 种选项之外,仍有 39.4% 的居民选择了"其他",占有较重的比例,可以在以后的研究中思考如何突破传统已知的休闲活动,更多地去挖掘人们休闲文化和娱乐观念不断发展下越来越多元化、个性化的休闲方式。

　　针对居民生态开敞空间休闲行为偏好调研的结果如图 6 - 13 所示。在居民所偏好的郊区休闲活动类型中,54.9% 的居民希望能欣赏到优美的风景,比例最大,说明市域生态开敞空间最为吸引人的是其自然的属性和满足人们感受自然、回归自然的基本休闲功能。33.3% 的居民偏好烧烤、野餐类的自助餐饮活动,30.1% 的居民则更倾向于利用田野、森林等自然空间的游玩活动;同时,还有 27.1% 和 26.7% 的居民表达了对水上娱乐活动和蔬果采摘等农事体验活动的需求意向。而骑行远足(25.6%)和自驾兜风(13.9%)等时尚活动亦得到了一定比重居民的喜爱与支持,丰富了生态开敞空间休闲行为的类型。

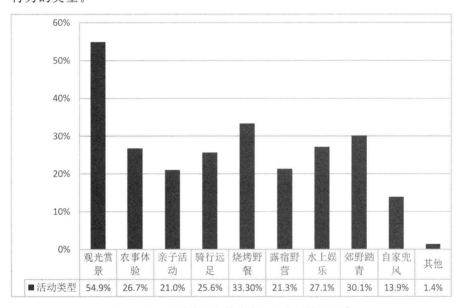

	观光赏景	农事体验	亲子活动	骑行远足	烧烤野餐	露宿野营	水上娱乐	郊野踏青	自家兜风	其他
■活动类型	54.9%	26.7%	21.0%	25.6%	33.30%	21.3%	27.1%	30.1%	13.9%	1.4%

图 6 - 13　受访者理想的生态开场空间休闲活动

6.2.4　上海城市居民公共开放空间休闲活动的差异化特征

　　通过软件对问卷调查数据的进一步验证分析,可以发现不同类型社会群体在城市公共开放空间的使用上表现出一定的特征分异,重点体现在对休闲活动和休闲场所的偏好上,而在其他方面,居民存在较弱的差异性。

　　1)不同性别群体之间的比较

　　男性与女性居民共有 8 项休闲活动具有明显的差异,男性比女性更普遍热衷于"球类""体育器材"和"棋牌活动"等方式,对于"跳操瑜伽""逛街购物""聊天""宠物遛弯""舞蹈"这些相对生活化或艺术化的活动,男性的参与程度与热情远低于女性,而根据居民所偏好的休闲活动的总体频率统计(见图 6-14),"逛街购物"和"球类"均排名前十项,说明男性与女性差别较大的是逛街购物和球类运动,应重点考虑。一定程度上男性工作压力大,迫切需要通过高强度的运动锻炼来放松身心;而女性对于购物的热爱则体现出其对时尚的关注和对生活质量与情趣的追求,以休闲消费为最大的乐趣。

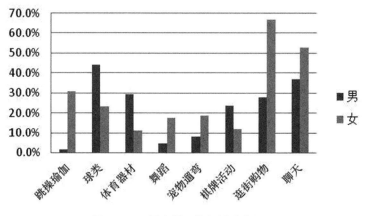

图 6-14　男女居民休闲活动差异

2) 不同年龄群体之间的比较

年龄构成上的差异对休闲场所和休闲活动类型的选择影响较大。在场所的偏好上(见图 6-15),随着年龄的增加或减少表现出一定的特征分化,18 岁以下的青少年更倾向于比较开放性的"各类广场",选择比例达到85.7%,其次是社区活动中心;18～35 岁的青年选择相对均衡,没有突出的个人喜好;而 36 岁以上的中年人由社区和广场转向设施和环境更为丰富、休闲空间尺度更大的"公园绿地",特别是 60 岁以上的老年人几乎独爱公园。

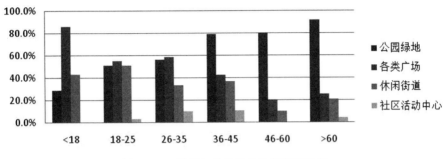

图 6 - 15 基于年龄分异的休闲场所选择

图 6 - 16 分别统计了各个年龄段人群所偏好的休闲活动中的排名前五项,以利于更直观比较其差异性以及有针对性地了解各年龄层的休闲重点。18 岁以下的青少年最热衷于"逛街购物""市区游览"和"聊天"(三项活动占有同等比重);18 岁以上 35 岁以下的青年更倾向于"郊野观光";而 36 岁以上的居民都一致选择了"散步"。随着年龄的增长,居民的活动方式从时尚消费型,逐渐过渡到观光游览型,再转变到健身运动型,年龄越大的居民越多关注健康和养生问题。

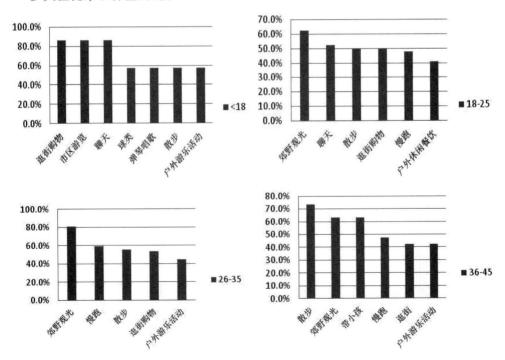

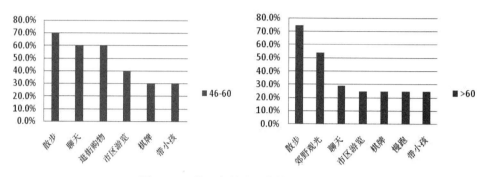

图 6 - 16　基于年龄分异的休闲活动偏好

　　对比发现,18～25 岁年龄段的居民所偏好的"户外休闲餐饮"活动,在其他群体的前五项中均为空白,成为该年龄段的一个休闲特色。当沪上美食的潮流和饮食文化的传播越来越普及,很大一部分居民特别是年轻人,也开始发展以吃为主的消遣方式,赋予休闲以美味可口的新个性。另外,"带小孩"一项横跨了三个年龄段,在实际考察中也随时随地可见,虽然休闲性较弱,但已经发展成为每个有小孩的家庭闲暇之余的一种必要生活方式,而且所调查的问卷针对的对象普遍为有独立行事能力的居民,忽略了年幼儿童的需求。因此这些以"带小孩"的休闲方式为主的居民,很大程度上也兼顾了儿童游玩占整个需求的比例,应当在城市休闲体系中得到重视。

　　3）不同文化程度群体之间的比较

　　文化程度的差异性对居民休闲活动的选择也会产生一定的影响,但影响较小,主要体现在"拍照摄影""户外休闲餐饮""户外游乐活动"和"郊野观光"四个活动类型中(如图 6 - 17 所示)。随着文化程度的增加,居民对这 4 项活动的偏好度呈现出一致的递增趋势。

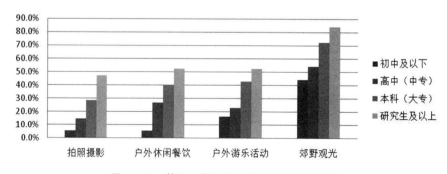

图 6 - 17　基于文化程度分异的休闲活动偏好

6.3　上海城市居民公共开放空间休闲活动和需求特征总结分析

6.3.1　居民公共开放空间休闲活动特征总结分析

1）休闲活动的主体性和时空关系特征

如表 6-3 所示，总体上，上海市休闲人群的构成将以 70% 的青年人（18～35 岁）为主导性群体，10% 的老年人（＞60 岁）为固定需求群体，20% 的其他居民为重要参与者，并且通常在家人和朋友的陪伴下共同进行。居民通常根据个人的兴趣爱好和心情好坏来决定参与何种休闲方式，个人客观经济条件的影响较小。

表 6-3　居民总体休闲特征与各年龄段特征的对比

类别	休闲时间段						休闲时长							
							工作日（小时）				周末（小时）			
	清晨	上午	中午	下午	傍晚	晚上	＜1	2-3	3-5	＞5	＜4	4-8	8-12	＞12
总体	＋	＋	＋	＋＋＋	＋＋	＋＋	＋＋	＋＋＋	＋	＋	＋＋	＋＋＋	＋	＋
＜18 岁	＋	＋	＋＋	＋＋＋	＋	＋	＋＋＋	＋＋	＋＋	——	＋＋	＋	＋＋	＋＋
18～25 岁	＋	＋	＋	＋＋＋	＋＋	＋＋＋	＋＋＋	＋＋＋	＋＋	＋	＋＋＋	＋＋	＋	＋
26～35 岁		＋	＋	＋＋＋	＋＋	＋＋＋	＋＋＋	＋＋＋	＋＋	＋	＋＋＋	＋＋	＋	＋
36～45 岁	＋	＋	＋	＋＋＋	＋＋	＋＋	＋＋	＋＋＋	＋	——	＋＋＋	＋＋＋	＋	＋
46～60 岁	＋＋	＋＋＋	＋	＋＋	＋＋	＋	＋＋	＋＋＋	＋	＋	＋＋＋	＋	＋＋	＋＋
＞60 岁	＋＋	＋＋	＋	＋＋＋	＋＋	＋	＋	＋＋＋	＋	＋	＋＋	＋＋	＋	＋

类别	休闲伴侣的选择				休闲方式的影响因素				
	家人	朋友	同事	单独	身体状况	心情好坏	兴趣爱好	收入水平高低	闲暇时间多少
总体	＋＋	＋＋＋	＋	＋	＋＋	＋＋＋	＋＋＋	＋	＋＋
＜18 岁	＋＋	＋＋＋	＋＋＋	＋		＋＋	＋＋	＋	＋
18～25 岁	＋＋	＋＋＋	＋＋	＋	＋＋	＋＋＋	＋＋＋	＋＋	＋＋
26～35 岁	＋＋	＋＋＋	＋＋	＋	＋＋	＋＋＋	＋＋＋	＋＋	＋＋
36～45 岁	＋＋＋	＋＋	＋	＋	＋＋	＋＋	＋＋	＋＋	＋＋
46～60 岁	＋＋＋	＋＋	＋	＋	＋	＋＋	＋＋	＋＋＋	＋＋
＞60 岁	＋＋＋	＋＋＋		＋＋＋	＋＋	＋	＋	＋	＋

注："＋、＋＋、＋＋＋"分别表示居民对各项选择的程度为"低、中、高"。

关于休闲活动时间的分配,工作日居民开展休闲活动的空间多集中于居住地周边的公园、广场、街道等社区公共开放空间,少部分居民由于居住或工作在城市大型公共开放空间周边,会利用到此类型;到了周末,居民拥有 1～2 天的时间,休闲空间范围扩大,主要利用的空间以社区/城市大型公共开放空间为主,而市域生态开敞空间亦受关注;而节假日时,居民享有长时间的休假,休闲时间进一步增长,休闲空间范围亦扩大,域外旅游亦成为部分居民的休闲选择(见图 6 – 18)。

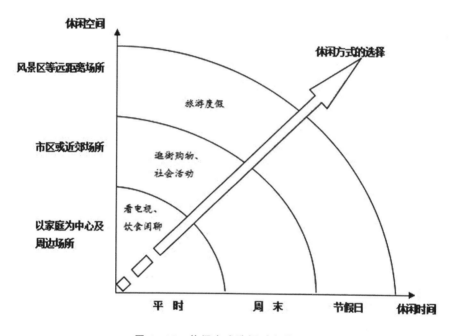

图 6 – 18　休闲方式选择时空关系特征

2) 休闲活动和休闲场所的需求特征

城市建成区内,居民对公园、广场和街道三大类型休闲场所的需求比例分别约为 41%、34% 和 25%,对休闲活动的需求仍以散步、慢跑等传统大众化的体育锻炼为主,其次是逛街购物、户外餐饮等休闲商业,辅以游览、游乐等生活娱乐活动。市郊范围内,随着人们对郊野观光的热情高居第一,郊野公园、农业生态园、森林公园等郊区观光场所将大受欢迎,是人们闲暇之余的休闲好去处。表6-4是根据居民的偏好程度,提出了每一类休闲活动类型中每一项具体活动的发展对策。

表6-4 休闲活动发展引导

发展＼类型	体育健身类	生活怡情类	娱乐消遣类	观光游览类	社会活动类
重点推广	散步、慢跑	拍照摄影	逛街购物、聊天	郊野观光	志愿者活动
保持良好	球类、体育器材、跳操瑜伽	带小孩、弹琴唱歌、棋牌活动、	户外游乐活动、户外休闲餐饮	市区游览	——
低度优先	自行车运动、舞蹈	书法绘画、垂钓			
控制扩展	武术太极、放风筝、轮滑	宠物遛弯	户外商业活动	——	宗教集会

6.3.2　上海城市居民公共开放空间休闲活动发展趋势

1) 对休闲生活的满足感从物质层面向精神层面转化

通常认为,闲暇时间长短和可自由支配收入高低是决定休闲生活质量的基本条件。然而本书调查表明,个人兴趣爱好和心情好坏在城市居民休闲生活中的重要性日趋凸显,个人经济状况等客观条件限制不再是阻碍居民追求休闲的关键。随着城市居民开始高度关注自我享受感受,积极追求自我精神满足的价值取向,休闲活动参加者自身的素质及个性偏好,是休闲方式选择和决策过程中较为重要的考虑因素。

2) 休闲方式的理性成分得到强化

调查发现,居民在选择休闲方式时对于他人的主观推荐和影响并不持支持和附和态度,大多数人不会因他人支持而改变自己的休闲生活选择。这说明居民选择休闲活动不易受外界因素的干扰,其参与休闲活动的认知程度和独立意识都有了较大幅度的提高,已经少有前些年休闲活动初步发展阶段盲目和盲从的活动特征,个性化和多元化趋势开始凸显。这一变化对休闲产品的开发以及休闲市场的演变无疑具有重要的启迪作用。

3) 休闲意识与经济发展共同促进休闲时间的增长

目前已有一定数量的居民实现了工作日每天休闲时长在5小时以上,以及节假日在 12 小时以上。随着城市的不断发展,居民休闲意识的不断觉醒成为城市休闲化的重要标志。而居民对休闲的认识正不断进步加深,将带来居民休闲时间的延长。同时,城市经济发展,居民收入提高,用于休闲的投入增加,使得休闲活动的选择更加丰富,促进了居民对休闲的参与,也拉动了休闲时间的增长。

4)休闲活动的多样化推动新型休闲方式的出现

尽管在调查中设计了近 30 个休闲活动类型,但仍不能概括全部居民的休闲需求,选择"其他"项的比例高达 39%,不容忽视。随着社会经济的提升和城市休闲化的进一步发展,以及居民个人喜好的差异,居民的休闲需求也表现出一定的层次性和活动方式的多元性。居民越来越发散的休闲需求有利于推动更多其他形式休闲类型的产生,促进城市从传统的休闲娱乐逐步过渡到新型休闲生活的转变。根据市域生态开敞空间休闲偏好分析可知,上海居民较为喜爱森林公园、河流湖泊为主的生态空间及郊野公园。而生态空间现状中,森林公园仅有 8 处,且规模较大的均位于城市远郊;5 处试点郊野公园尚在建设之中,并未正式开放;而大型湖泊、湿地公园极少,且多位于城市远郊,交通不便。就休闲活动类型偏好而言,观光赏景、农事体验、烧烤、露营等常规休闲活动尚可开展,但骑行远足、露宿野营等新兴活动缺少专门规划的生态空间。

6.4   本章小结

本章基于问卷数据对居民公共开放空间的休闲活动和需求特征进行了分析。

就休闲时间而言,工作日居民开展休闲活动的空间多集中于居住地周边的公园、广场、街道等社区公共开放空间;到了周末,居民拥有 1~2 天的时间,休闲空间范围扩大,主要利用的空间以社区/城市大型公共开放空间为主,而城市外围生态开敞空间亦受关注;而随着休闲时间进一步增长,休闲空间范围亦扩大,域外旅游亦成为部分居民的休闲选择。

就休闲主体而言,上海建成区公共开放空间休闲人群的构成将以 70%

的青年人(18～35 岁)为主导性群体,20%的老年人(＞60 岁)为固定需求群体,10%的其他居民为重要参与者,并且居民通常在家人和朋友的陪伴下共同进行。

就休闲场所偏好而言,居民对公园、广场和街道三大类型休闲场所的需求比例分别约为 41%、34%和 25%,公园为主的休闲绿地是居民首选的公共开放空间。

就休闲活动类型偏好而言,居民较为喜爱的活动仍以散步、慢跑等传统大众化的体育锻炼为主,其次是逛街购物、户外餐饮等休闲商业相关活动,辅以游览、游乐等生活娱乐活动。

同时,本章从性别、年龄和文化程度 3 个方面入手,就不同类别人群的休闲活动差异化特征进行了分析,发现居民公共开放空间差异化特征主要体现在其对休闲活动和休闲场所的偏好上,且就影响程度而言,性别差异和年龄差异对居民休闲方式选择的影响要大于文化程度差异。

最后,基于以上两方面分析,结合城市公共开放空间休闲现状,研究总结归纳了上海居民公共开放空间"休闲生活满足感的精神层面转化""休闲方式选择的理性化和个人化""休闲时间增长"和"新型休闲方式涌现"4 项发展趋势。

第7章 上海城市公共开放空间优化提升策略与规划指引

以上海市公共开放空间(建成区和市域)的现状使用特征为基础,结合城市居民公共开放空间休闲活动的需求偏好及发展趋势,从不同层面上提出城市公共开放空间优化提升的策略及其建设和管理的指引措施。

7.1 上海城市公共开放空间布局优化原则

7.1.1 公平性原则

城市公共开放空间作为一种福利设施,大多是由政府拨款或公益基金建设而成,其使用范围应面向全体居民,其选址与布局合理与否,将直接关系到每位城市居民的切身利益和合法权益。坚持公平性原则,即从服务对象的角度出发,将有限的城市公共开放空间资源比较均衡地分配给不同社会群体使用。

7.1.2 高效性原则

高效性原则是指高效地配置城市公共开放空间资源。城市公共开放空间的有限性决定了其在选址和布局时必须讲求效率,既要有一定的覆盖面,又不能太大。若服务半径太小,容易造成城市公共开放空间的服务范围重叠,从而导致利用率不高和闲置浪费;若覆盖面太大,则会造成城市公共开放空间的可达性差,从而制约而不是激发和引导城市居民的健身热情。

7.1.3 便捷性原则

选址于方便接受服务的居民到达区位。如将城市公共开放空间设置在通达性好,交通便利的地方;规模较大的城市公共开放空间还需配置一定数量的停车位等。再如较低级别的城市公共开放空间主要基于步行可达;中等级别的城市公共开放空间主要基于非机动车可达,较高等级的城市公共开放空间主要基于机动车可达进行布置。

7.1.4 中心性原则

根据中心地理论,各级城市公共开放空间常选址于服务区域的"中心地",以便更好地向"腹地"提供服务。但由于自然地理条件及城市规划等因素的影响,现实中城市公共开放空间的服务区域并不一定是规则的正六边形,中心地的位置也并不一定是其服务区域的几何中心,而是往往根据需要选址在靠近行政中心、公共活动中心的地方,以达到聚集人气的作用。但并不是所有类型的城市公共开放空间都必须选址于上述中心位置,而应与城市发展的总体方向和总体规划以及其他因素结合进行。

7.1.5 集中与分散相结合的原则

城市公共开放空间的规划和布局,应做到集中与分散相结合。所谓"集中",一方面是指不同类型的公共开放空间形成组团及功能互补,另一方面是指公共开放空间与其他公共服务设施混合布局形成组团效应;所谓"分散",即同等级公共开放空间的服务范围尽可能做到不交叉、不重叠。

7.1.6 结合人口分布特征进行布局的原则

人口分布是研究人地关系的重要环节,居住空间结构是配置资源的重要基础。城市公共开放空间应建于服务区域的居住密度中心,一方面可以保证每位居民具有比较公平的机会和便捷地享受服务,另一方面也可以维持各城市公共开放空间的最低人口门槛。在建成区范围内应根据居住空间结构布局公共开放空间,依据各城区条件的差别实行不同的公共开放空间的供给机制。

7.2 上海城市公共开放空间结构优化的总体思路

7.2.1 结合城市居民休闲活动的时空分布规律

对居民而言,休闲活动的场所主要受到休闲时间的限制。工作日,由于休闲时间的少而零碎,大多数居民选择了以家为中心的休闲场所,在 0~

1km 范围内集中了最多的外出休闲活动,反映了居民对社区休憩设施的利用;在周末,居民的休闲场所范围不断扩大,开始走出社区,选择短距离的休闲活动场所,在街道商场以及风景区公园或广场展开一定的休闲活动;在节假日,居民则可以进行较灵活自由的休闲安排,风景区、公园或广场成了大多数居民的主要选择,人们的休闲活动场所不再围绕家的中心展开。

参考柴彦威等对深圳市居民休闲活动空间结构的研究,归纳出城市居民休闲活动的四圈层结构模式(见图 7-1),随着相对居民自家空间距离的延伸,各圈层上休闲活动强度逐渐下降,但活动类型更趋复杂。

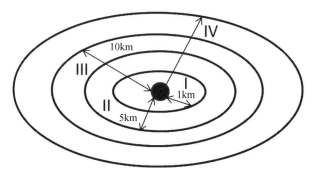

图 7-1　城市居民休闲活动空间结构模式

圈层Ⅰ——距家 0～1km,主要指社区休闲空间,是城市居民主要的休闲活动场所;圈层Ⅱ——距家 0～5km,主要的外出休闲空间,以家庭为中心或社区周边的场所;圈层Ⅲ——0～10km,市区或近郊场所,是城市居民外出休闲活动的主要场所;圈层Ⅳ——10km 以外的地方,主要是郊野风景等远距离的场所,是城市居民亲近自然、外出休闲的主要场所。在以上四个圈层中,圈层Ⅰ内的活动集中强度最高,居民主要的休闲方式是在社区公园等休憩设施内散步、聊天、下棋等,以及以健身为目的的晨练等体育活动;在圈层Ⅱ—Ⅲ范围内,尤其在Ⅱ内,居民主要的休闲活动则是访友、早茶、聚会及陪孩子玩耍等;圈层Ⅳ则是城市居民在周末或节假日休闲旅游的好去处,亲近自然、放松心情。综上,城市居民休闲活动的空间结构呈现出一定的层级性,在不同的层级有不同的活动需求和强度需求。

7.2.2　构建以居民休闲需求为导向的多层次与复合式供给机制

参考克里斯泰勒的中心地理论,理想状态下城市公共开放空间的服务范围应当是一个以城市公共开放空间点位为圆心、以其服务范围为半径的圆形区域,同等级的多个公共开放空间规划布局的结果为他们所形成的圆形服务区域相切而成。若相交则使得彼此的服务区域减少,无法达到应有的效率;若相离则各服务区域之间有较多的辐射区域,无法兼顾公平。然而,即便是相切的情况下,仍然存在空档,辐射区域内需求点相互"竞争"的结果最终便形成了蜂巢状——多个正六边形相切的情形,他们共同构成了相同等级城市公共开放空间的总服务区域。

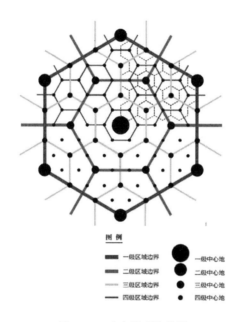

图 7-2　中心地理论模型

资料来源:许学强,周一星,宁越敏.城市地理学[M].北京:高等教育出版社,2009.

　　但现实中不可能完全达到均质平均、人口均匀分布以及"理性人"的理想状态。正因为各种要素并非均匀分布,现实中城市公共开放空间的服务范围多为不规则的多边形,而并非一定是圆形或者正六边形。

　　由于城市居民的休闲活动具有层次性的特点,在考虑公共开放空间的布局时应参照居民休闲活动的空间结构特点,按照可达性原则合理确定不同层级公共开放空间的服务半径,并结合具体居住空间结构进行选址与布局,根据人口数量及城市公共开放空间的中长期发展目标确定其数量和规模。另外,各级公共开放空间的布局应遵循不同的原则,针对城区条件差别实行公共开放空间的差异化供给机制。高级城市公共开放空间的布局可按照交通原则进行,选址于交通便利、利于疏散的地方;中级城市公共开放空间的选址受城市社区布局特征影响较大,可结合行政区划、城镇体系以及已形成的区域公共活动中心进行布置;而低级城市公共开放空间的布局,则应以市场原则为主,满足居民的多样化需求。城市公共开放空间的可达性(吸引力)决定了其服务范围,服务范围和服务内容又决定了城市公共开放空间的等级,等级的高低在一定程度上则决定了城市公共开放空间的数量和规模。

7.3　上海城市公共开放空间规划及管理分层机制

7.3.1　宏观层面—城市总体层面

城市公共开放空间的总体水平主要反映在城市公共开放空间的数量和分布形态上。由于目前国内的城市规划规范中并没有明确公共开放空间的定义和配置规范,对公共开放空间在整体上进行评价只能借鉴一些相关数据指标,如绿地率、人均建设用地面积、人均广场面积甚至道路网密度等,虽然指标很多但大都只能反映城市公共开放空间的某个方面或局部的、间接的特征,无法全面反映公共开放空间的整体真实水平。

基于此,在对城市公共开放空间进行总体规划和整体评价的时候可考虑借鉴国外有关城市(如芝加哥、伦敦等)的评价方法,将体现公共开放空间服务能力的空间面积规模和步行距离转化为两个基准评价指标:人均公共开放空间面积和步行可达范围覆盖率。其中,人均公共开放空间面积反映了公共开放空间这一公共物品的拥挤度,其计算需要建立在明确的公共开放空间定义和内涵的基础上;步行可达范围覆盖率则反映了公共开放空间的总体可达性高地或服务的便捷程度,其计算需要设定一系列的边界条件。

7.3.2　中观层面—社区层面

为了真正有助于形成市民意识和社区凝聚力的地区级或社区级公共开放空间,在社区公共开放空间规划建设过程中应着重体现"公平"和"活力"。

所谓公平,即指充足合理,机会均等;活力则意味着联系方便、激发参与。

"公平"的目标主要是针对公共开放空间现状的数量不足、结构失衡、空间布局不合理等问题而提出来的。在调查中发现上海部分地区的人均公共开放空间面积还不足 $1m^2$,其拥挤程度可想而知;低等级的公共开放空间明显不能满足需求,而居住小区绿地对全体大众的开放程度存在严重的不足;老城厢、曹家渡所代表的一些新旧里弄地区亟须增加公共开放空间,等等。而要实现"公平",未来规划设计的重点应放在:保障足够的公共开放空间面积和个体数量;形成以低等级、小尺度空间为主题的空间构成;平等地为所有人(不同阶层、不同身份、不同职业、处于不同地段的人)提供户外活动的条件和机会。

"活力"的目标主要是针对由集中布置和交通屏障阻碍造成的步行可达性不佳,区域公共开放空间体系的连接度不够,以及由于周边功能混合程度不够、需求差异未获得足够重视、对地方特殊气候的适应性缺乏深入考虑等造成的公共开放空间个体品质不高、参与不足、使用效率不高等问题。

迈克尔·沃尔泽将城市空间分为独立的两类:"单一思维"的空间和"开放思维"的空间。"单一思维"的空间体现了一种认为城市空间是满足一种单一功能的思想,通常是保守的规划师和发展商共同设计、策划的结果。"开放思维"的空间是多功能的,并且演化或被设计成任何人均可参与的、为多种用途服务的空间。据此,公共开放空间属于"开放思维"的空间,"当我们身处'开放思维'的空间中时,我们常常有准备地迎接人们的注视并且更加乐于参与活动"。激发人们迎接注视和参与活动的首要条件是公共开放空间本身要有足够的吸引力,并且可以方便到达。因此,公共开放空间的周边需保持一定程度的功能复合、空间内部环境设计要多样化,并适应上海地区冬季湿冷、夏季酷热的特殊气候特征;另外,在各类公共开放空间之间以及与主要居民聚集地之间还应有便捷的公共交通或步行联系通道。

7.3.3 微观层面—管理与规划实施层面

无论是在总体层面还是在社区层面,要保障公共开放空间的面积和个体数量,并具有合理的空间结构,充分实现"公平"和"活力"的目标,一套务实的设计、实施与管理一体化的公共开放空间规划管理体制是必需的。

　　本课题在研究过程中充分考虑了后期规划建设的可操作性,在公共开放空间体系划分时兼顾了用地分类方面,空间权属分类与上海市的用地权属管理相适应,分级配置标准则应与未来的城市和社区建设执行主体相挂钩等。

　　非独立占地型公共开放空间由于涉及土地权属和管理权限的问题,建成后极有可能会面临被商品化或公共活动严重受限的窘境。在土地价值高昂且产权分散的条件下,政府需设定一系列的持续跟进政策,如对非独立占地型公共空间的设计提出明确的技术要求(如设置座椅等停留设施),要求发展商将建成后的公共开放空间交由城市政府管理等。而且这些条款应当与开发奖励条件一起被纳入规划设计条件中。对于公共开放空间的独立用地,则需要在实施环节甚至使用的过程中加以监督以确保公共空间的开放性。

7.4　上海市建成区公共开放空间优化提升策略

7.4.1　城市建成区公共开放空间总体优化对策

　　本课题通过实地调研和问卷调查分析的方法,发现上海市公共开放空间与居民休闲活动需求之间存在如下问题:①由于公共开放空间在布局、设计等方面存在的不足,使得居民多样化的休闲活动方式得不到满足,现状居民休闲内容单调,活动种类偏少;②大中小型公共开放空间数量匹配不佳,市区级大型公共空间容量充足、环境优秀,而街道社区级小型公共空间无法满足需求;③公共开放空间体系受到道路、建筑等多种因素的阻隔,造成空间的不连续,步行可达性有待提高;④空间质量不高,未能充分体现各地区居民的差异化需求,缺乏地方特色,且未考虑上海地区特殊的气候环境特征。

　　基于上述问题,为改善提升上海市公共开放空间对居民休闲活动的服务能力,特提出以下针对城市建成区公共开放空间总体优化的策略:

　　1) 空间增加行动——针对数量不足、分布不均问题

　　针对部分地区存在的公共开放空间数量不足、分布不均,无法满足当地

居民最基本的休闲活动需求等问题,本课题参照上海市人均居住面积
$17.3m^2$,人均道路交通面积不小于 $12m^2$,人均公共绿地面积 $13m^2$,初步划定
人均公共开放空间面积为 $15m^2$,以此为参照增加各地区的公共开放空间数
量。同时,应注意比较分析上海市不同地区人均绿化用地面积,不同范围人
口分布情况和建筑空间类型,差异化提出不同地区未来公共开放空间建设
的引导性指标。新增加的公共开放空间可与其他城市要素如道路、滨水等
相结合进行建设。

2）空间改善行动——针对设计不合理、不适应当地需求的问题

在对当地居民具体休闲活动需求展开问卷调查的基础上,针对城区条
件差别实行公共开放空间的差异化供给,根据老年人、儿童、工作人群等所
占比例和具体需求的不同,展开公共开放空间的再设计和改善,以期更符合
当地的特色和具体需求,如 18 岁以下的青少年最热衷于"逛街购物""市区游
览"和"聊天"(三项活动占有同等比重);18 岁以上 35 岁以下的青年更倾向
于"郊野观光";而 36 岁以上的居民都一致选择了"散步"等。

3）空间活化行动——针对空间使用效率不高、缺乏地方特色问题

本课题调研过程中发现部分城市公共开放空间存在品质偏低、利用率
不高的问题。而城市公共开放空间是促进城市居民形成市民意识和提高社
区凝聚力的主要场所,其作为"思维开放"的空间,应在丰富广大市民休闲和
文化生活等方面做出应有的贡献。基于此,可展开公共开放空间的空间活
化行动,采用多样化的空间类型、安排丰富的活动类型促进城市公共开放空
间的品质提升,提升其人气的同时促进城市居民的户外交流活动。

7.4.2　典型模式下社区公共开放空间的优化对策：

1）空间数量方面的优化对策

参考 3.4 部分不同模式样点公共开放空间人均面积对比分析,方松样点
($31.87m^2$)和人民广场样点($20.18m^2$)公共开放空间总量充足;莘庄样点
($6.51m^2$)和徐家汇样点($5.15m^2$)有一定的空间总量,但尚不足够,需要进行
补充;老城厢样点($1.95m^2$)、曹家渡样点($1.41m^2$)空间总量则严重不足,人
均面积不到 $2m^2$。

在不同模式样点空间数量现状分析的基础上,结合各样点所处城区建

设条件,分别从空间数量补充和空间类型补充2个层面提出不同模式公共开放空间数量上的优化对策:

(1)空间数量补充。

对于公共开放空间总量不足的区域,需从以下几个方面进行公共开放空间的补充:

其他类型绿地的休闲化改造——休闲绿地是城市绿地系统的一部分而非全部。除休闲绿地外,城市中还保有大量的防护绿地、生产绿地等空间。通过"适度开发",在其他类型绿地中适度地布置休闲、游乐设施,进行休闲化改造,使其他类型绿地具有一定的休闲功能,是对公共开放空间数量的重要补充。

公共开放空间"临时使用"策略——针对城市公共开放空间不足的问题,德国在规划实践中提出了"临时使用"策略,为样点空间增加提供了借鉴。"临时使用"策略强调以城市土地的过渡性使用满足市民临时性的游憩与活动需要。这一措施的特点有二:首先,不根据规划确定的土地性质限制土地的使用;其次,该策略强调以公民需求和土地现状为依据,合理利用土地。根据规划区域的土地利用构成分析,采用"临时使用策略",在现状未利用土地选取合适地块,建设成为休闲绿地或广场空间,满足居民休闲使用。

附属绿地开放使用——开放性附属绿地可供居民正常使用的,具有一定规模、服务设施和活动场地的,其他各类用地中的附属绿化用地。将具有一定规模和质量的附属绿地在常规时间对游人开放形成附属型开放绿地,是对城市公共开放空间数量和功能上的重要补充。

小型节点空间的规划建设——当样点用地受到限制,不能进行大规模的公园和广场建设,此时,只能通过将有限的土地建设成为"口袋公园""袖珍广场"等小型节点空间,来丰富区域公共开放空间类型与形式,提升土地利用效率,并小幅度增加空间数量。

(2)空间类型补充。

在进行空间数量补充的同时,还应根据不同模式样点公共开放空间类型构成的情况,补充样点缺失的空间类型,加强区域弱势类型空间的建设力度。

（3）不同模式样点的空间数量优化对策。

针对不同模式样点在空间数量上表现出的问题，提出不同的优化对策。

曹家渡样点和老城厢样点现状空间总量严重不足，同时受限于城市用地，在空间增量时应以改造现有小规模城市边角空间为主，建设适用的游园与小广场；开放现状条件较好的附属绿地，补充不足。空间类型建设上以休闲街道为主，曹家渡样点建设以商业型为主、生态型为辅的休闲街道体系；老城厢样点则结合自身历史分化风貌，建设文化、商业复合的区域休闲街道网络。

徐家汇和莘庄样点主要问题在于空间总量的不足。根据样点用地情况，在徐家汇样点，规划主要采取附属绿地开放、小型节点空间补充等方式增加空间总量；针对休闲街道沟通不畅的问题，拟重点样点休闲街道网络；在莘庄样点，规划采取防护绿地休闲化改造、暂未利用地块公共开放空间临时使用、附属绿地适当改造开放等措施增加样点空间总量。同时，建设道路交口处"袖珍广场"，补充广场数量的缺失。

人民广场和方松样点空间总量充足，但人民广场样点休闲街道空间较少，规划拟加强休闲街道建设；方松样点作为城市新区，空间数量上有较好的规划，调整基于现状，作小幅度调整。

综上所述，各模式样点公共开放空间数量规划对策及不同类型空间数量的比值（街道与广场、绿地面积比）如表 7－1 所示。

表 7－1　针对空间数量的不同模式公共开放空间规划对策

空间模式	代表样点	规划对策	不同类型空间数量比	
			现状比例	规划目标
无核型	曹家渡	小型节点空间建设 商业休闲街道建设	6.74∶0.88∶2.94	8∶1∶3
单核型	莘庄	防护绿地休闲化改造 未利用地临时使用 附属空间开放 重点补充小广场空间	5.34∶2.28∶8.65	6∶3∶12

(续表)

空间模式	代表样点	规划对策	不同类型空间数量比	
			现状比例	规划目标
双核型	徐家汇	附属空间开放 小型节点空间建设 加强休闲街道联系	2.99：4.13：10.89	5：4：11
多核型	人民广场	建设样点休闲街道体系	3.54：12.03：34.88	6：12：35
轴向型	方松	数量条件较好，不做过多调整	11.27：5.97：46.50	12：6：46
两极型	老城厢	小型节点空间建设 文化、商业休闲街道建设	3.46：3.86：6.34	6：4：7

2）空间使用方面的优化对策

公共开放空间是居民休闲活动的主要载体，研究分析发现：休闲活动类型与公共开放空间类型间存在"行为—空间"的对应关系（见表7-2），及居民开展的各项休闲活动往往发生在特定的场所与空间中，如武术太极一般在公园中的开敞空间开展，广场舞常见于大型的户外广场，逛街购物对应于商业休闲型街道。由此，在确定休闲活动发展对策的基础上，结合不同模式空间现状使用情况，可针对性地提出各个模式公共开放空间使用方面的具体优化对策。

表7-2　休闲活动与空间对应一览

编号	休闲活动类型	活动的设施、场所需求	场所依附公共开放空间类型
1	跑步、散步	林荫道、游步道、跑道、街道人行空间	市区级公园和社区级公园 商业/生态休闲型街道
2	聊天	休闲停留驻足节点（亭廊、座椅、林下等） 休闲步行空间	市区/社区级公园、游园集会游憩广场、附属广场、各类休闲街道
3	群体体育健身活动（武术太极、健身操、广场舞等）	硬质铺装广场、空地 林下开敞空间 有一定宽度的步行空间	市区级公园和社区级公园 集会游憩广场、较大的附属广场 有一定规模的休闲街道

（续表）

编号	休闲活动类型	活动的设施、场所需求	场所依附公共开放空间类型
4	个体体育健身活动（风筝、空竹、自行车、轮滑等）	硬质铺装广场、空地开敞草地	市区级公园和社区级公园 集会游憩广场 规模较大的附属广场
5	球类活动	具备设施的运动场地有一定规模的草地	市区级公园和社区级公园 集会游憩广场 规模较大的附属广场
6	体育器材活动	有体育器械布置的场地	社区级公园、游园 布置有体育器械的广场
7	亲子活动（带小孩、嬉戏玩耍）与宠物休闲（遛弯、喂食）	儿童活动空间、草地硬质铺装广场、空地休闲街区、游步道	市区/社区级公园 游园和活动绿地 集会游憩广场、附属（商业/休闲）广场、居住地周边的各类休闲街道
8	商业休闲活动（户外餐饮、逛街购物等）	商业街区、商业广场商户室外营业空间	商业休闲型街道 附属（商业）广场 市区级公园局部区域
9	社会公益活动（献血、志愿者等）	街头空地硬质铺装广场	集会游憩广场、市区/社区级公园 规模较大的附属广场 人流较多的商业休闲型街道
10	观光游览摄影拍照	具有优美景观和特色游览点的地方	市区/社区级公园 商业/文化/生态/复合型休闲街道
11	游乐活动	具有设施的游乐场地	专门的游乐园或公园中的游乐场
12	垂钓	湖畔、河边、池塘周围	市区/社区级公园（有水系） 滨水绿道

（续表）

编号	休闲活动类型	活动的设施、场所需求	场所依附公共开放空间类型
13	棋牌书画（棋牌、书画、读书看报等）	休闲停留驻足节点（亭廊、座椅、林下等）	市区/社区级公园、游园（主要）集会游憩广场、附属广场
14	音乐休闲（乐器演奏、唱歌曲艺等）	休闲停留驻足节点（亭廊、座椅、林下等）	市区/社区级公园、游园

（1）休闲活动引导。

根据调查问卷居民休闲活动偏好程度的分析，对上海居民偏好的休闲活动进行分类；同时根据观察记录的居民休闲活动类型及频率，对居民实际休闲活动进行分类。综合两方面归类，对上海建成区公共开放空间中常见休闲活动进行发展引导。

根据问卷调查中居民对不同休闲活动类型的偏好程度，可将活动分为受欢迎活动、一般活动和不受欢迎活动 3 类，如表 7 - 3 所示。

表 7 - 3　上海居民偏好休闲活动分类

类型	概述	休闲活动
受欢迎活动	受欢迎程度较高，选择比例超过 30% 的活动	观光游览、散步、慢跑、逛街购物、聊天、游乐场娱乐活动、球类、户外餐饮等
一般活动	受欢迎程度中等，选择比例 10%～30%	拍照摄影、带小孩、弹琴唱歌、体育器材、棋牌活动、自行车、志愿者活动、读书看报、书法绘画、宠物遛弯、舞蹈等
待开发活动	受欢迎程度较低，选择比例小于 10%，但有特定的群体	垂钓、户外商业活动、武术太极、放风筝、轮滑滑板、动物喂食、踢毽子、抖空竹等

根据居民休闲活动观察中记录的各项活动出现的频率，可将活动分为常见活动、一般活动和特色欢迎活动 3 类，如表 7 - 4 所示。

表 7 - 4　上海居民偏好休闲活动分类

类型	概述	休闲活动
常见活动	不同时间,不同样点各类型空间的观察中都有记录的休闲活动	散步、慢跑、聊天、球类、舞蹈、武术太极、带小孩、宠物遛弯、棋牌活动、逛街购物等
一般活动	只在个别样点或类型空间观察中有记录的休闲活动	观光游览、拍照摄影、读书看报、书法绘画、弹琴唱歌、抖空竹、放风筝、踢毽子、体育器材、户外商业活动、户外餐饮等
特色活动	只在极个别样点或类型空间和时段有记录,极具特色的活动类型	自行车、轮滑滑板、垂钓、游乐场娱乐活动、动物喂食、志愿者活动等

　　综合以上两方面分析,结合居民主观活动需求偏好和客观休闲实际,将公共开放空间休闲活动分为重点推广、优先发展、保持现状、控制发展 4 类,具体如表 7 - 5 所示。

表 7 - 5　上海建成区公共开放空间休闲活动发展引导

类型	概述	休闲活动
重点推广	具有较高的居民休闲偏好,且有一定的现状基础或发展潜力的活动	散步、慢跑、聊天、球类、逛街购物
优先发展	具有一定的居民休闲偏好或有一定的现状基础或发展潜力的活动	观光游览、宠物遛弯、带小孩、自行车、轮滑滑板、弹琴唱歌、志愿者活动、读书看报、户外餐饮、体育器材等
保持现状	固定人群偏好对空间要求较高的活动类型	棋牌活动、放风筝、抖空竹、踢毽子、游乐场娱乐活动、动物喂食、书法绘画、拍照摄影
控制发展	活动偏好较低,现状发展已具有相当规模或具有较小且固定的休闲群体的活动	垂钓、武术太极、舞蹈、户外商业活动等

（2）空间休闲使用匹配程度分析。

根据空间调查和分析以及休闲活动与空间的对应关系，就不同模式样点公共开放空间对各类活动的休闲使用匹配程度进行分析。如表 7-6 所示，各模式中，不同类型空间对休闲活动开展的现状匹配程度可分为适宜、较适宜、不适宜 3 个类型。

表 7-6　不同模式样点休闲使用匹配程度分析

空间模式	代表样点	空间休闲使用匹配度		
		休闲绿地	城市广场	休闲街道
无核型	曹家渡	×	×	○
单核型	莘庄	●	○	○
双核型	徐家汇	●	×	×
多核型	人民广场	●	●	×
轴向型	方松	●	○	○
两极型	老城厢	○	×	×

备注："●"：适宜使用；"○"：较适宜使用；"×"：不适宜使用。

其中，曹家渡样点缺乏绿地和广场节点，在满足适于公园、广场的休闲活动的开展上存在不足；莘庄样点空间具有较好的质量，适于开展各类活动，但有限的空间中存在个别时段过度使用的现象；徐家汇样点缺乏较大规模的广场，同时休闲街道衔接不畅，休闲使用匹配程度不够；人民广场样点街道空间不足，且部分路段环境质量较差，不利于逛街购物等活动的开展；方松样点具有大量的公共开放空间，适于开展各类活动，但使用强度较低；老城厢样点则缺乏足够的广场和街道，难以满足相关活动的开展。

（3）不同模式样点空间使用优化对策。

根据休闲活动引导，结合空间休闲匹配程度现状，提出不同模式样点公共开放空间使用中应重点处理的问题，并从休闲活动引导和空间优化对策方面提出相应的规划对策。

①曹家渡、老城厢样点优化对策。

曹家渡和老城厢样点区域建筑密度大，自身内部大规模的节点型空间缺乏，难以很好地支持各类活动的开展；同时又受限于城市建设用地的短缺，大规模的公共开放空间建设难以进行。对于此类的样点，规划时应从以下角度进行控制：

休闲活动引导——鉴于空间的限制，在进行休闲活动引导时应重点推广散步、慢跑、逛街购物、观光游览等基于休闲街道空间的休闲活动；优先发展带小孩、弹琴唱歌、志愿者活动、读书看报、户外餐饮、棋牌活动、抖空竹、踢毽子、书法绘画、拍照摄影等对场地要求不大的活动；严格控制武术太极、舞蹈、球类活动、自行车、轮滑滑板、放风筝等要求大规模场地的活动的开展。

空间优化提升——落实到空间建设和规划方面，由于建设用地不足难以支持大规模公共开放空间的建设，故两处样点的空间优化应基于样点特色，以休闲街道的优化提升为主。

曹家渡样点以居住用地为主，样点接近城市中心，现状有较为完善的休闲街道体系，其内部休闲街道的优化提升，应从"加强休闲街道衔接"和"特色休闲街道建设"两方面着手。

加强休闲街道衔接方面，针对休闲街道中断的现象，修复断开路段，使之与两侧街道连接成为流畅的整体。

特色休闲街道建设指在休闲街道网络打造的基础上，构建区域"三横四纵"的休闲街道网络，三横包括余姚路、武定路和昌平路两侧休闲街道；四纵包括胶州路、延平路、武宁路和万航渡路两侧街道。其中，沿昌平路和武宁路建设区域"十字形"生态绿色休闲走廊，其余道路结合周边建筑，打造贴近周边居民生活的商业休闲型街道。在街道的设计中，可结合用地实际，充分利用城市建设用地边角空间，建设"口袋公园""袖珍广场"等小型节点型空间，以丰富样点空间的类型。

老城厢样点位于城市历史文化风貌保护区，对其休闲街道规划应在区域确定保护对象和道路分级的基础上，重点打造复兴东路、安仁街和乔家路三条商业、文化休闲型街道，其中：

复兴东路：拆除道路两侧无保留价值的破旧建筑拆除后，打造一条直向南外滩的生态景观型通廊，增添必要的公共活动空间。

安仁街：现状保持小街、小巷、小弄堂的传统街巷格局及低层民居的形态特征,充满了老与旧的历史气息。具备升级成为上海特色"老街"的潜质。规划拟在整饬空间、修缮周边建筑的基础上,结合豫园商圈,打造样点内部南北向商业休闲街道。

乔家路:与安仁街相似,乔家路亦保留传统街巷的线形和界面特征,修缮沿街的一些明清古建筑,并将其开辟成博物馆、纪念馆等,打造一条老城厢中的"多伦路"。西端延伸,与桑园街打通,两侧实施旧区改造,形成区域东西向特色仿古商业文化街区。同时,永泰街 1 号保有一颗古银杏树,可在其周边打造袖珍广场,作为乔家路文化街的东入口的同时,补充样点点面状空间。

②人民广场、徐家汇样点优化对策。

人民广场和徐家汇样点位于城市中心和副中心,二者的特点是:休闲绿地数量较多但两处样点内部休闲街道均不成体系。针对两处样点的现状条件,规划对策如下:

休闲活动引导——两处样点中,公园绿地是周边居民参与休闲活动的主要场所。规划在引导内部休闲活动时,在推进散步、慢跑、观光游览、读书看报、带小孩、宠物遛弯、体育器材、棋牌、拍照摄影、弹琴唱歌、志愿者活动等常见基础活动外,可大力发展武术太极、舞蹈、球类活动、自行车、轮滑滑板等对场地有一定要求的活动。但是,鉴于休闲街道缺失,样点内应慎重发展逛街购物、户外餐饮、户外商业等主要依托街道空间的活动类型。

空间优化提升——结合居民休闲需求和空间使用现状,样点内部公共开放空间的使用优化应从绿地、广场等节点型空间的优化和串联入手。

人民广场样点内部大型绿地和广场南北绵延成带,有着很好的联系,其规划重点在于打造区域休闲街道体系,在补充街道空间的同时,利用休闲街道增加周边居住区、商区和绿地、广场的联系。规划拟通过延伸现有休闲街道,加强街道连接,重点打造东西向延安东路和南北向云南中路、黄陂南路周边休闲街道。其中:

延安东路:根据高架路南北侧现状差异,采取不同的对策。规划拟在南侧建设生态休闲型休闲街道,串联西部广场公园黄浦段和东部上海音乐厅;北部受人行空间的限制,规划可在现状基础上,建设重庆北路—黄陂北路段文化休闲型街道。

云南中路:位于样点东部,连接样点与周边居民区。规划拟通过整治现状环境条件,拓宽人行空间宽度,优化路面设计与绿化空间设计等手段,打造云南中路休闲街道,形成区域商业型步行空间。

黄陂北路:该路段是沟通西部居住区与公共开发空间核心区域以及北部商业区和南部公园绿地的重要通道,规划在现有休闲街道空间的基础上,适当拓宽步行空间,提升路面铺装设计以及周边建筑与街道空间的统一性,形成区域中部具有重要连接作用的商业、文化复合型休闲街道。

徐家汇样点 2 处主要休闲绿地分布于样点东北和西南角,使得空间的服务范围受到一定程度的限制,样点东南部缺乏空间节点;同时,样点内最大的休闲绿地——徐家汇公园亦存在空间使用强度较低的问题。规划针对空间使用问题,建议采取以下对策:

休闲街道网络建设:为构建内外联系的区域休闲街道网络,应重点建设天平路(衡山路—肇嘉浜路)、肇嘉浜路和南丹路;同时,针对东南部公共开放空间的缺乏,应在现有基础上,辅以商业附属广场等中小广场的布置,规划建设辛耕路商业步行街区,形成东西连接天钥桥路和宛平南路的休闲走廊。

徐家汇公园空间优化:从场所建设和设施布局两个方面进行。场所建设方面,增加球场、开敞广场、健身场等适于群体活动的公共开放空间;设施布局方面,则应根据居民需求,增加体育锻炼器材、无障碍设施、儿童游乐设施以及遮阳伞、座椅等休憩设施,以方便居民的使用。

③莘庄、方松样点优化对策。

莘庄和方松样点中均具备一定的公共开放空间总量和必要的空间类型,适于开展各类休闲活动,对其休闲活动进行引导,可参考表 6 - 4 进行。在空间使用规划对策方面,则主要考虑空间布局与设计的优化。

莘庄样点公共开放空间类型完整,质量较好,但存在使用强度过高的现象,尤以早晨的莘城中央公园和夜间的仲盛南广场最为典型。针对这一问题,研究从空间布局调整和空间优化设计两方面提出规划对策。

空间布局调整:在样点公共开放空间综合分析的基础上,结合区域建设条件,选择合适的区域增建点面状公共开放空间,如东部带状防护绿地改造以分散莘城公寓等居住小区人流。

空间优化设计:增加开敞场地,以应对过多的使用人群;同时将开敞场地和座椅、公告栏、遮阳遮雨棚等服务设施分散布局,以防止人群集中。

方松样点具有最大的公共开放空间总量,但空间使用强度最低,资源浪费严重;同时,还存在空间质量较差的问题。规划应从空间优化角度着手,优化提升区域公共开放空间环境,重点改造现状质量较差的部分,辅以休闲游憩设施的导入,建设更适宜居民使用的公共休闲空间。

综合上述论述,针对空间使用的上海不同模式公共开放空间规划对策如表7-7所示。

表7-7　针对空间使用的不同模式公共开放空间规划对策

空间模式	代表样点	主要手段	规划对策
无核型	曹家渡	休闲街道的建设	区域"三横、四纵"休闲街道体系的构建
两极型	老城厢		在确认保护对象和道路分级基础上,重点打造东西向复兴东路、乔家路与南北向安仁街休闲街道
双核型	徐家汇	绿地、广场的优化与串联	重点建设天平路南段、肇嘉浜路、南丹路、辛耕路休闲街道,形成区域休闲街道网络;优化徐家汇公园空间,增加群体性活动场所和无障碍设施、体育器材
多核型	人民广场		在原有基础上,重点建设延安东路、云南中路和黄陂北路休闲街道,增加绿地、广场等空间内在联系及其与周边居住区与商区的串联
单核型	莘庄	空间的优化提升	针对居民需求,优化现有空间布局;以此为基础,优化空间设计,增加必要的服务设施
轴向型	方松		增加必要的服务设施、提升空间环境质量

3) 空间管理方面的优化对策

根据问卷"公共开放空间选择影响因素的分析",近63%的居民对"空间管理水平"表示关注。有效的空间管理不仅能够提升公共开放空间环境质量,还能够有效调节周边居民对空间的使用。针对样点调查中发现的空间管理方面问题,在针对不同模式分析的基础上,提出相应的对策,具体如表 7-8 所示。

表 7-8 针对空间管理的不同模式公共开放空间优化对策

空间模式	代表样点	主要问题	优化对策
无核型	曹家渡	街道空间环境质量存在问题 服务设施缺乏 乱停车占据广场、街道等空间	①加大环境卫生整治和维护力度 ②补充必要的服务设施 ③加强停车管理
单核型	莘庄	部分街区环境质量较差 公园夜间关门较早 乱停车占据广场、街道等空间	①重点整治环境较差的街区,合理安排停车车位及其管理 ②延长莘城中央公园开放时间 2 小时
双核型	徐家汇	绿地、广场使用强度低下 夜间照明不够	①加强游人的引导,举行社区交流活动带动空间使用 ②检修相关设备,补充照明、遮阴避雨等服务设施
多核型	人民广场	绿地等空间夜间照明不够 对社会人员的关注不足	①检修相关设备,补充照明设施 ②提供长椅、长凳等休憩设施,加强对相关人员的关心与引导
轴向型	方松	设施维护不到位 部分区域环境质量较差 空间使用强度低下	①定期检修、更新服务设施 ②整治部分节点卫生环境 ③组织社区交流等活动带动空间使用
两极型	老城厢	南部街道空间环境质量较差 设施数量缺乏 乱停车占据广场、街道等空间	①整治环境卫生,提高空间环境质量 ②补充必要的服务设施 ③加强对停车的管理,规划车位的布局

4) 指标控制方面的优化对策

指标控制和体系控制是目前世界各国比较常用的两种规划控制方法。综合上述两方面的发展策略,研究在确立建成区公共开放空间体系的前提下,制定人均面积和空间服务覆盖范围作为控制指标,为城市公共开放空间规划与建设提供参考。

(1) 人均面积指标。

表 7 - 9 总结归纳了国内外不同组织和实践项目制定了不同的城市公共开放空间人均指标。由于空间范围界定和国情的不同,上海公共开放空间建设很难达到英美等国相关指标;相比于国外标准,深圳、青岛城阳区等地提出的指标更具参考价值,综合考虑上海的城市情况和城区差异,进一步确定人均面积指标。

表 7 - 9　国内外公共开放空间人均面积指标

指标制定组织或项目	人均指标(m²/人)	备注
NRPA (美国国家休闲游憩和公园协会)	25~42	包括市级、区级和社区级开放空间和城市外围生态绿地
NPFA (英国国家游乐场地协会)	24	包括 8m² 儿童游乐场地和 16m² 户外活动场地
深圳经济特区公共开放空间系统规划	8.3~16	独立占地公共空间的人均面积不应少于 8.3m²
青岛市城阳区公共开放空间规划	18	——

本研究在制定上海市建成区公共开放空间人均面积引导时,差异化地提出了不同地区未来公共开放空间建设的参考指标,具体如表 7 - 10 所示。

表 7 - 10　不同地区人均公共开放空间面积引导

不同地区			人均面积参考(m²/人)
中心城及周边地区	一般地区		10
	特殊地区	有一定空间数量的可适度开发地区	5
		现状空间较少的暂不具备动迁条件地区	2
中远郊地区			15

(2) 公共开放空间服务覆盖范围控制引导。

空间服务覆盖范围比例与公共开放空间的可达性密切相关,合理的空间服务覆盖指标设置对区域公共开放空间布局具有重要的指导意义。

国内部分地区公共开放空间规划中提出了服务覆盖范围的控制,如表7-11所示。

表 7-11 国内公共开放空间服务覆盖范围指标控制

项目案例	服务覆盖范围指标设定
深圳经济特区公共开放空间系统规划	300m 服务半径步行可达范围覆盖比例 60%~75%
青岛市城阳区公共开放空间规划	500m 可达独立占地公共开放空间的范围覆盖率 100%

就上海市现状而言,不同区位的城市建成区,其空间服务覆盖范围有较大差异,如人民广场、方松样点公共开放空间数量较多,其 500m 步行里程服务覆盖范围达到 100%,而莘庄样点主要公共开放空间只覆盖了不到 70% 的范围,由此需针对上海不同地区的特点,设置服务覆盖范围参考指标。

根据国内外规划设计实践经验,5~10 分钟的路程是人们日常参与公共开放空间休闲活动比较适宜的步行距离。按成人步行速度 5~6km/h 计算,500m 是比较合适的休闲步行里程。研究以 500m 作为居民休闲步行距离,确定公共开放空间服务覆盖范围指标如表 7-12 所示。

表 7-12 不同地区公共开放空间服务覆盖范围引导

不同地区			服务覆盖范围
中心城区		城市中心区域	100%
		具备大型公共开放空间节点区域	90% 以上
		不具备大型公共开放空间节点区域	不低于 50%
外围城区	近郊城区	具备大型公共开放空间节点	80% 以上
		不具备大型公共开放空间节点	不低于 70%
		中远郊地区	100%

7.4.3 城市建成区不同公共开放空间类型的优化提升策略

针对上海市建成区不同公共开放空间类型(公园/广场/街道等)分别提出具体的优化提升的策略。

1) 城市建成区点状公共开放空间优化提升策略(公园/广场)

(1) 城市建成区点状公共开放空间综合分析原理。

以 GIS 软件的空间分析功能为依托,考虑到居民休闲活动的出行距离,成人步行速度 5~6km/h,将各点状公共开放空间的辐射半径设置为 500m,即 5 分钟步行距离,对建成区域内点状公共开放空间节点步行可达范围覆盖率进行分析。主要分析步骤为:在已描绘研究区域内部路网的基础上,以各公共开放空间的入口、道路交叉点作为出发点,沿道路 500m 范围作为该公共开放空间的覆盖范围,最终形成各公共开放空间节点在该区域内的覆盖范围并叠加(见图 7-3),生成总的覆盖范围,通过面积计算得出研究区域内步行可达范围覆盖率(即 5 分钟路程步行可达范围与城市建设用地的比例)。

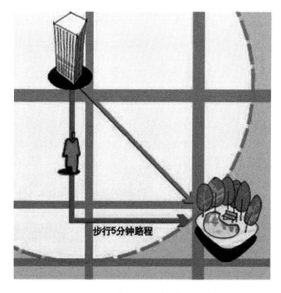

图 7-3　步行五分钟范围示意

资料来源:《深圳经济特区公共空间系统规划》,深圳市城市规划设计研究院,2006.

(2) 城市建成区点状公共开放空间优化配置。

独立占地公共开放空间中的绿化空间和广场空间:绿化空间——规划时落实在 G1 类用地。本研究建议:建成区范围内居住小区以上级别的公共绿地应作为公共开放空间免费向所有市民开放;广场空间——规划时落实在 G3 类用地,建成区范围内的广场(G3 类)用地均应成为公共开放空间。

非独立占地公共开放空间中的绿化空间和广场空间：研究中发现仅依靠法定图则等规划落实的独立占地公共开放空间，尚不能使公共开放空间具有良好的步行可达性。同时，上海市建成区范围内可建设用地资源非常紧缺，规划并预留大量新的独立占地公共开放空间难度很大。因此，可考虑通过增加非独立占地公共开放空间，这是目前提高步行可达范围覆盖率的最佳手段，同时也能提高人均公共空间面积指标。

　　在现状公共开放空间未覆盖、法定图则也没有规划公共开放空间的区域，应考虑设置非独立占地公共开放空间。本研究建议：当建设用地面积大于一定规模时，应要求其为城市提供不小于地块面积 5% 的用地作为非独立占地公共开放空间，其最小规模不应小于 400m^2；另外，在大量小型地块密集的地区，可由多个地块共同退让形成部分小型的公共开放空间，如小型绿地、小公园、街心花园、社区小型运动场所等类型的口袋公园，其面积由各地块共同分担，如美国的佩雷公园。

美国袖珍公园典型代表——佩雷公园

　　佩雷公园位于第五大道上广受大家欢迎的现代艺术博物馆对面，在商店、办公室和酒店集中地的中央。其在规模和功能上很好地响应了曼哈顿用地紧张的条件。

　　佩雷公园的设计初衷是"城市中心的绿洲"，它并不追求成为一个多功能的公园，它仅仅是提供人们坐下休息的场所，尽管它只提供简单有限的设施，但却非常受欢迎，附近写字楼的职员、前来购物的市民以及游客等都喜欢进入公园游览休憩。

　　该公园的面积非常小，仅 390m^2，为了满足人们能够坐下来休息的设计初衷，从平上看，整个场地基本上都是铺装和可移动的座椅，设计非常简单，但每一处都设计得十分精致。

图 7－4　佩雷公园示意图

资料来源:赖秋红.浅析美国袖珍公园典型代表——佩雷公园[J].广东园林,2011(3):40－43.

（3）城市建成区点状公共开放空间的设计引导。

为确保城市建成区范围内点状公共开放空间的环境质量和使用效率,对其品质进行提升,本研究特提出以下几点建议:1 公共开放空间应与城市道路相邻,确保其通达的便捷性;②对于面状的公共开放空间,必须至少提供 1 条临路开敞的边界,若多个公共开放空间相邻,则相邻空间的边界应保持开敞;③广场空间的绿地率不应低于 30%,绿化覆盖率不应低于 45%,绿化空间的绿地率不应低于 70%,绿化覆盖率不应低于 85%;④座椅等休息设施的数量,每 $10m^2$ 的广场空间必须提供长度不少于 1m 的座椅;⑤对于综合性公共开放空间,应具备丰富的空间类型,便于开展与组织不同的群体活动,促进不同人群之间的交流互动。

2）城市建成区线状公共开放空间优化提升策略(街道)

（1）城市建成区线状公共开放空间综合分析原理。

除了上述的点状空间之外,城市公共开放空间还包括线状的街道空间,其在联系各点状公共开放空间、弥补点状公共开放空间服务功能不足方面发挥着重要作用。针对该类公共开放空间的研究,本课题建议采取实际调研和软件分析相结合的方法:实际调研即指通过样本选择,实地测量走访,详细记录各街道的道路空间、行道树结构、道路设施、景观风貌、游憩体验、历史文化和生态环境等指标,并对其休闲游憩功能进行综合评价;软件分析则主要利用 ArcGIS 软件,利用街景地图,提取出建成区各研究样地区域内各个居住小区的主要出入口作为重点的人流来源,以样地内部核心功能节点公共开放空间的出入口作为居民休闲活动出行的主要目的地,构建该区域内部的居民出行网络,之后通过叠加分析各条道路的使用频度。其主要流程如图 7-5、图 7-6 所示。

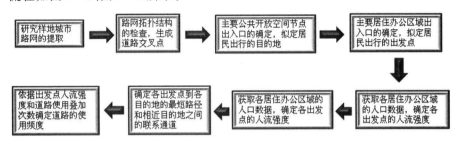

图 7-5　街道使用频度计算流程图

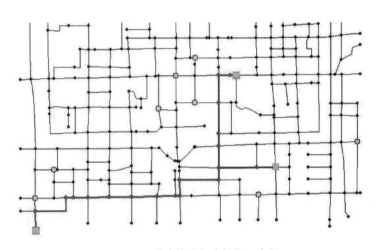

图 7-6　道路使用频度提取示意图

（2）城市建成区线状公共开放空间问题小结。

本研究在对上海徐汇区、黄埔区内的衡山路、复兴中路、建国西路等十条城市道路休闲游憩功能调查与评价的基础上,归纳提出了上海市建成区范围内线状公共开放空间的一般性问题如下:①道路高宽比值偏移理想状态,产生不良心理影响;②道路节点分割空间形式陈旧,缺乏聚焦感与生机;③休憩设施匮乏,缺少统筹规划;④建筑风格缺少统一性,业态建筑拥挤纷杂;⑤道路绿化不足,配植与竖向效果不佳;⑥小品分布过少,地域特色难以体现等。另外,通过 GIS 软件的频度分析,可发现具备休闲游憩功能的街道是否与高频度使用的街道相一致,依据街道的使用频度指导线状公共开放空间(街道空间)的规划建设。

(3) 城市建成区线状公共开放空间设计引导。

为确保线状公共开放空间的规划建设符合实际需求,并具有较高的品质质量,本研究特针对该部分公共开放空间提出以下几点建议:

物尽其用,在线状公共开放空间的规划建设阶段应首先结合道路等级进行道路使用频度的分析,对于高频和中频使用道路应重点考虑休闲游憩的需求,加强其休闲游憩功能的规划建设与功能提升。

转变道路空间视域,调控游憩视线,对于宽高比(D/H)小于 1 的休闲道路,可采用破墙透绿和隔窗窥景的方式拓宽空间视域,解决内聚压抑感;对于宽高比(D/H)大于 1 的休闲道路,则可增设规则绿化或景墙等障景阻隔一览无余的游憩视线。

提升节点吸引性,丰富节点组织形式。去除道路节点自身鄙陋,提升节点空间与人行道连接性,适当组团道路节点,提升其聚焦性。

行道树结构优化:①统筹行道树栽植管理,保障林荫覆盖;②树种选择适地适树,因地制宜;③合理修剪行道树,疏通交通视线,延伸冠下空间。

休闲街道的风貌优化主要包括:①增强业态管理,完善建筑与街道协调性;②提升路面铺装质感、形式与色彩;③优化绿地植物搭配,丰富竖向绿化空间。

最后,由于上海城市街道中历史保留建筑众多、街道历史悠久,是历史人文游憩的深厚基础,针对这方面,建议相应开放优秀历史建筑增强文化游憩功能,设置历史专栏介绍街道发展变迁,促使街道深厚的内涵转变为游憩吸引力,同时可以集聚消费休闲场所,熏陶商业文化等。

7.4.4 建成区公共开放空间优化对策应用—以莘庄样点为例

以莘庄样点为例,在详细分析样点用地构成、主要公共开放空间服务覆盖范围及街道叠加使用频度的基础上,提出休闲绿地、城市广场和休闲街道3 类空间的布局对策,形成区域公共开放空间布局规划;然后结合居民休闲需求特征分析与空间休闲使用特征分析,针对不同公共开放空间类型,提出相应的优化建议。

　　选择莘庄样点为示范样点,主要有以下 3 方面的考虑:

　　(1) 样点东、西、北 3 侧为铁路、高速等分割界面,南部为城市主干道,将样点与周边区域进行了空间上的隔离,能最大程度上避免后期分析中周边区域公共开放空间对样点干扰引起的误差。

　　(2) 样点用地类型与结构相对简单,各地块性质明确,主次出入口明晰,便于相关规划分析的进行。

　　(3) 样点基本涵盖了公共开放空间所有类型,其结构亦为城市公共开放空间规划建设的主要类型,基于莘庄样点的规划设计研究对城市更新过程中的城市地块和城市新建区域有普遍的借鉴意义。

　　1) 莘庄样点公共开放空间现状问题归纳

　　(1) 样点概况。

　　样点位于闵行区莘庄镇莘庄地铁站南侧,东至沪金高速,西部北部邻近铁路、地铁线路,南部以区域主干道春申路为界。

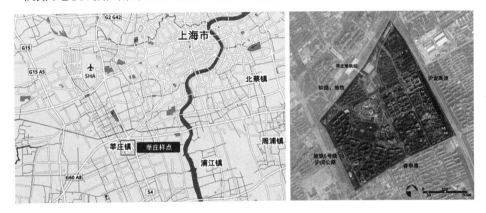

图 7 - 7　莘庄样点区位示意

　　(2) 样点公共开放空间现状问题。

　　根据前文的总结与分析,莘庄样点公共开放空间存在公共开放空间数量、空间使用及空间管理 3 方面的问题。

　　公共开放空间数量——莘庄样点内休闲绿地以独立设置的公园绿地为主;样点内无独立广场,但分布有规模各异的商业和休闲附属广场;休闲街道已初步形成网络化体系,表现出沿居住小区布局的特征,类型上以商业休闲型和生态休闲型为主。根据 3.4 部分的分析，样点公共开放空间总体上呈现出"一核、多点、休闲街道初步网络化"的特征。

样点公共开放空间累计面积 16.28hm²；其中，各类休闲绿地总面积 8.65hm²；城市广场总面积 2.28hm²；休闲街道相对密度 0.79。就空间类型构成而言，样点包含全部 3 大类 11 个小类的公共开放空间；就空间数量而言，莘庄样点存在一定的不足，需采取有效措施进行补充。

公共开放空间使用——莘庄样点的空间使用主体主要以周边居民为主，同时由于接近地铁站的区位和内部商业综合体的影响，外来游人亦占空间使用主体的小部分比例。

就空间使用者构成而言，莘庄样点游人以青壮年为主体，比例超过 50%；老年人比例较高，比例近 33%；同时，工作日游人总量略高于节假日，反映出样点公共开放空间吸引力有限，仅能满足居民日常休闲需求。

就空间使用强度而言，样点公共开放空间存在部分时段使用强度过高的问题，以早上的莘城中央公园公园绿地空间和夜间的仲盛南广场空间尤甚（见图 7 - 8）。这与样点优质公共开放空间资源总量的不足以及空间管理（如莘城中央公园夜间过早关园，部分游人前往仲盛南广场活动导致空间使用强度激增）有关。

仲 盛 南 广 场

莘城中央公园

图 7 - 8　使用强度过高的广场和公园

资料来源:作者自摄.

　　公共开放空间管理——莘庄样点内主要的绿地、广场和街道都得到了相对较好的日常维护和管理,但部分边缘绿地和主要的商业街道,如西边菜市场周边尚存在一定程度的脏、乱、差等管理不到位问题。

　　综合以上 3 方面所述,莘庄样点公共开放空间总体上表现出了较高的品质,但依旧存在空间数量不足、中心区域广场、公园绿地使用强度过高以及少量节点养护管理不到位等问题。在后期的规划设计中需要采取针对性的措施,以应对以上问题。

休闲绿地　　　　　　城市广场　　　　　　休闲街道

图 7 - 9　莘庄样点公共开放空间现状

　　2) 莘庄样点公共开放空间综合分析

　　构建由土地利用分析、主要公共开放空间服务范围分析以及街道叠加使用频度分析组成的公共开放空间分析方法。根据土地利用分析,提出样点公共开放空间建设核心区域,并分析样点可用于开发用作公共开放空间的区域;根据主要公共开放空间服务范围分析以及街道叠加使用频度分析,提出休闲绿地、城市广场、休闲街道 3 类空间的布局优化对策,为区域公共开放空间的布局优化提供理论支撑。

（1）土地利用分析。

如图 7 - 10 所示,样点内土地利用类型主要包括居住用地、公共管理与公共服务用地、商业服务业设施用地、工业用地、交通设施用地、绿地以及未利用地 7 类。其中,公共管理与公共服务用地包括西南部检察院的行政办公用地和中部闵行博物馆、剧院集中分布的文化设施用地 2 小类;商业服务业设施用地主要包括中部仲盛商业中心和西部莘庄宾馆;工业用地主要为西北角玻璃钢公司;而绿地则以莘庄中央公园为主的公园绿地和沪金高速沿线的防护绿地为主。

图例：

居住用地　公共管理与公共服务用地　商业服务业设施用地　工业用地　交通设施用地　绿地　未利用地

图 7 - 10　莘庄样点现状土地利用类型

　　根据后期公共开放空间建设的适宜程度,将不同类别用地进行分组,可分为居住用地(不能开发)、交通设施用地(不适宜开发)、绿地和未利用地(改造和开发重点)和其他建设用地(附属公共开放空间开发重点)4组。莘庄样点各组用地类型比例如表 7 - 13 所示,居住用地为样点主体用地类型,总面积超过样点用地的 50%,由此,在后续的公共开放空间规划设计中要充分考虑周边居民的实际需求与休闲特征;同时,仲盛商业中心、闵行博物馆地块和中央公园地块构成的以商服用地、文化设施用地和绿地为主体的区域形成了样点公共活动中心节点和公共开放空间核心区域。

表 7 - 13　莘庄样点土地利用构成

土地利用类型	图示	总面积(hm²)	面积比	备注
居住用地 (不能开发)		93.02	52.92%	—
交通设施用地 (不适宜开发)		37.68	21.44%	道路用地为主,包括场站用地 2.39hm²
绿地和未利用地 (改造开发重点)		24.82 (绿地包括公园绿地和防护绿地)	14.12%	公园绿地 8.96hm² 防护绿地 10.09hm² 未利用地 5.77hm²

（续表）

土地利用类型	图示	总面积（hm²）	面积比	备注
其他建设用地（附属公共开放空间开发重点）		20.25（由商服用地、公共管理与服务设施用地和工业用地构成）	11.52%	商业用地9.63hm²行政办公、文化设施用地共7.82hm²工业工地2.80hm²

（2）莘庄样点点、面状空间服务范围分析。

参考7.4.3，分析莘庄样点核心公共开放空间的服务覆盖范围：莘城中央公园覆盖范围640 048m²，占样地面积的36.4%；仲盛广场覆盖范围915 079m²，占样地面积的52.1%；文化广场覆盖范围763 745m²，占样地面积的43.5%；核心区域总覆面积1 201 380m²，占样地面积的68.3%。其中，莘城中央公园覆盖范围与仲盛广场共同覆盖548 129m²，与文化广场共同覆盖531 026m²，文化广场和仲盛广场共同覆盖481 543m²（见表7-14）。

表7-14　莘庄样点公共开放空间覆盖范围

核心节点	覆盖面积（m²）	占地比例（%）	中央公园（m²）	仲盛南广场（m²）
中央公园	640 048	36.4	—	—
仲盛南广场	915 079	52.1	548 129	—
文化广场	763 745	43.5	481 543	531 026

按500m步行可达范围进行分析（见图7-11），莘庄样点核心区域公共开放空间服务范围覆盖了68.3%的样地范围，但样地的西南角部分行政办公用地，东部莘城公寓和东苑丽景两大居住区大部分不在辐射范围之中。之后的规划应在现状的基础上，结合现有或潜在的公共开放空间资源开发，重点规划建设辐射范围之外区域点面状节点，使得样点内居民在合适的步行距离里都能享受到区域公共开放空间资源。

图 7‑11　主要公共开放空间 500m 服务覆盖范围

（3）莘庄样点线性空间叠加频度分析。

参考 7.4.3，基于 GIS 软件，经过分析与计算，确定使用频度小于 5 的为低频使用道路，5～10 之间的为中频使用道路，大于 10 的则为高频使用道路，最终生成研究样地内部的街道使用频度图，如图 7‑12 所示。

样点内，高频使用路段包括：都市路（莘朱路—名都路段）、名都路（宝城路—珠城路段）、珠城路（名都路—天河路段）、天河路（珠城路—富都路段）以及闵城路（富都路—名都路段），这些道路均分布在主要的休闲活动场地周围及居住小区出入口附近，具有更大的使用可能性，为充分满足居民的休闲出行需求，提供居住地到休闲活动场地之间的舒适性连接通道，未来应基于高频度使用路段，加大路段周边休闲线性空间的生态和人文环境建设。

中频使用路段包括：莘朱路（都市路—宝城路段）、友情路（都市路—宝城路段)、珠城路(都市路—名都路段)、富都路(闵城路—天河路段,珠城路—都春路段)以及宝城路(名都路—春申路段),这些路段具有一定的叠加使用频度,规划时应结合其自身位置条件,合理地安排两侧休闲街道建设。

　　剩余路段为低频使用路段,其使用叠加频率不及前两项,但在完善区域休闲街道网络构建中,具有不可或缺的作用。低频使用路段周边线性休闲空间应保证基本的步行空间和服务设施,以便与其他空间相衔接,保证休闲街道网络体系建立;同时,针对部分具有特色的路段,如友情路与名都路之间的步行街,应作为重点休闲街道加以规划设计,以营建样点内特色街区。

图 7 - 12　道路叠加使用频度分析

　　3) 莘庄样点公共开放空间布局优化

　　根据样点土地利用和公共开放空间布局综合分析,确定样点公共开放空间重点发展区域,提出样点公共开放空间整体空间规划和不同类型要素空间布局控制对策。

（1）样点休闲绿地空间布局优化。

就现状而言,休闲绿地方面存在总量过少和东部、西南角缺乏有效休闲绿地的问题。针对现状问题,以"防护绿地休闲化改造""其他用地临时使用"以及"附属绿地开放"的思路来增加样点休闲绿地总量,形成区域重点绿地和主要绿地综合发展的模式(见图 7 - 13)。

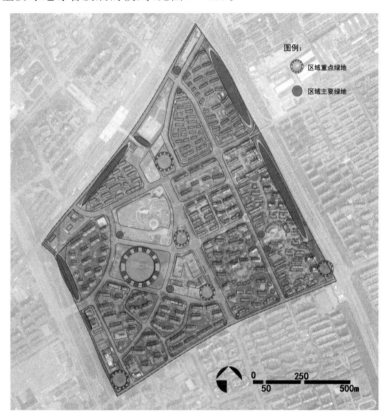

图 7 - 13　莘庄样点休闲绿地布局规划

重点绿地空间形态呈块状,以莘城中央公园为核心,辅以未利用地临时改建绿地、核心区东南角休闲绿地、检察院附属游园和春申路游园,形成具有一定场地和服务设施,面向全体居民的核心公园体系。主要绿地多邻近居住小区,呈带状,规划基于原有防护绿地,旨在通过适当的改造,将其建设为服务邻近小区居民的辅助休闲绿地。其中检察院附属游园的开放和东部带状防护绿地的休闲化优化改造,通过增加相关区域公共开放空间,能够有效解决核心区公共开放空间服务范围未覆盖导致的西南角和东部区域休闲绿地不足的问题。

（2）莘庄样点城市广场空间布局优化。

城市广场方面,就现状而言,由于用地的限制,除在待建设用地中预留部分广场用地外,其余已建成区域难以新建较大规模的城市广场。基于第4章空间数量和使用分析,考虑到广场空间对样点公共开放空间总量和特定时段居民休闲活动的开展具有重要意义,规划本着"空间优化与增加并举"的原则,首先拟在现状基础上,通过对具有一定规模和使用强度的广场的优化改造,提升居民休闲广场空间质量,形成分散布局的重点广场;其次,根据道路使用频度的不同,有选择地在道路交叉口等处布置"袖珍广场",在丰富广场类型的同时,增加空间总量,构建方便居民使用的硬质空间(见图7-14)。

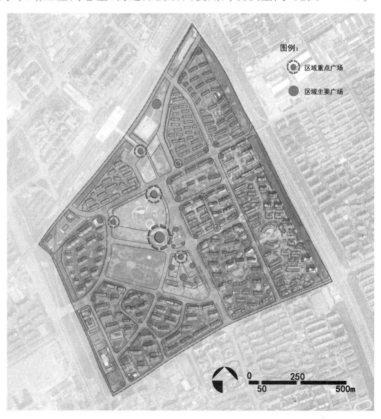

图7-14　莘庄样点城市广场布局规划

（3）莘庄样点休闲街道空间布局优化。

休闲街道方面，根据分析，样点街道空间已形成初步的网络化结构，但存在局部连接不畅，空间层次不分明等问题。规划在完善区域休闲街道网络的前提下，基于对区域道路叠加使用频度的分析，针对不同街道周边建筑界面及其功能的不同，拟将休闲街道分为以下 3 类，以构建区域不同层次的休闲街道空间，具体包括：重点控制街道，周边建筑主要以商业界面为主，主要沿 3 条道路轴线布局，是连接区域内外、串联各地块与公共开放空间核心节点的重要步行空间；主要控制街道，沿各个居住小区周边分布，样点内步行交通的重要组成部分，串联起各个小区，是区域线性休闲空间的重要组成；特色步行街区，以名都路、友情路间原有商业步行街区为基础，经优化、改造，构建样点内唯一的、富有特色的步行街区空间（见图 7－15）。

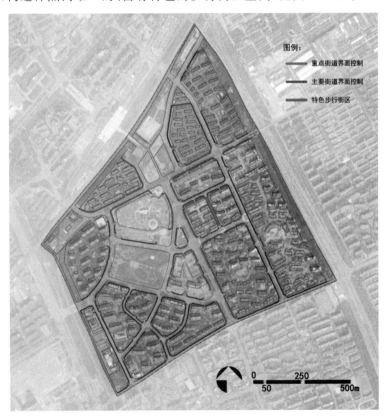

图 7－15　莘庄样点休闲街道布局规划

　　（4）莘庄样点公共开放空间总体布局优化。

　　根据空间现状条件和分析,莘庄样点公共开放空间规划拟形成区域"一区、三轴、多点、休闲街道网络化"的整体空间结构(见图7-16)。其中:

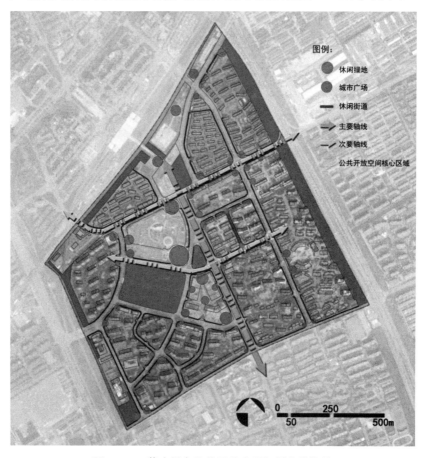

图7-16　莘庄样点公共开放空间规划整体结构

　　一区:指样点公共开放空间核心发展区,位于样点中部,由仲盛商业中心地块、莘庄博物馆地块和莘城中央公园地块组成。发展区包含莘城中央公园、莘庄文化广场、仲盛商城南、北广场等区域主要公共开放空间和其他空间节点,是区域居民公共生活的中心区域。

　　三轴:指沿都市路、莘朱路、名都路3条沟通内外并具有一定使用频度的区域重点道路形成的公共开放空间轴线。其中,都市路主轴紧邻核心区,将样点分为东西两部分;莘朱路次轴主要串联了样点与周边区域;名都路次轴将样点东西两部分紧密联系,形成沟通东部居住区与公共开放空间核心区的通道。规划拟沿 3 条轴线,构建区域重点休闲街道界面。

多点:指基于现状保留、改造和增建的绿地和广场公共开放空间,是周边居民日常停留和开展休闲活动的主要节点。

休闲街道网络化:在原有休闲街道空间的基础上,通过完善街道衔接、空间环境优化提升,构建休闲街道空间体系,形成区域完整的线性休闲空间网络,有效串联各节点空间和重要地块。

4) 莘庄样点公共开放空间分类优化设计对策

根据样点休闲绿地、城市广场与休闲街道 3 类公共开放空间总体布局规划与发展策略,有针对性地提出样点公共开放空间分类优化设计的对策与建议。

(1) 休闲绿地。

根据发展策略的不同,规划休闲绿地主要可分为保留绿地、新增绿地和"临时使用"绿地。针对 3 类绿地不同的现状条件,在规划设计层面提出不同的对策。

①保留绿地的优化提升建议。

依据对现状休闲绿地综合评估,规划保留具有一定规模和场所、设施的公园绿地,包括莘城中央公园、博物馆地块南侧游园、莘城宾馆附属游园以及东南角游园。针对各处保留绿地现状,提出设计对策如下。

以居民休闲活动需求为导向,增加、改造相关场地,以散步、慢跑等绿地重点推广活动引导为基础,在保留绿地优化提升时,重点增加或改造推广活动类型相关空间与场所。如针对散步与慢跑活动,应改建园区步道,构建专门的散步道和慢跑道;又如,针对志愿者活动,可在绿地中设置志愿者服务角等。

增加相关游憩服务设施,根据现状,适当增加座椅、公告栏、遮阳遮雨棚、夜间照明及针对老年人和少年儿童的游乐设施和无障碍设施等游憩服务设施。

完善管理,通过调整绿地管理措施,提升绿地空间的使用体验。以莘城

中央公园为例,夜间关门过早(夏秋 19 点,冬春 18 点)导致了居民夜间活动受限,适当延长公园开放时间(2 小时),可充分满足周边居民的休闲需求。

　　②新增绿地的休闲化改造与建设。

　　规划通过"附属绿地开放""防护绿地休闲化改造"等方式增加样点休闲绿地的总量。针对不同手段增加的绿地类型,设计时应采取不同的策略。

　　附属绿地改造——附属绿地一般具有相对优良的空间品质和游憩设施,一般情况下不需要进行额外的优化改造。附属绿地开放化应结合其区位特征,合理地选择并布置出入口、指示牌等设施,引导居民对附属绿地的使用。

　　防护绿地休闲化建设——样地内现状存在大量带状的防护绿地,目前尚未用作休闲开发。针对休闲绿地总量不足的现状问题,规划拟对防护绿地进行休闲化改造,建设适宜休闲活动开展的带状公园。

　　鉴于现状防护绿地有着较为优越的现状环境条件和植物景观,对其的优化改造,应在确保其防护功能的前提下,本着"适度开发"的原则,科学布局游览路线,合理选择步道形式,安置座椅、路灯、垃圾桶等服务设施,并在适当的场所安置景观亭等小型构、建筑物,具体如图 7-17 所示。

改造前　　　　　　　　　　　改造后

布局游览道路

安置服务设施

小型构、建筑物建设

图 7 - 17　防护绿地休闲化改造示意

③"临时使用"绿地设计策略。

规划以"临时使用"策略为思路,将 2 处现状暂未利用并具有一定绿地资源的地块用作临时休闲绿地建设。

考虑到用地属性的问题,在进行绿地设计时,应以"低成本、低冲击、空间多样化"为原则,布局简单的开敞空间与绿地。在建设居民休闲节点的同时,尽可能降低对地块后续开发利用的影响。所谓"低成本",要求在临时绿地建设时应尽量减少投入,不种大树,不建亭廊,以低成本、简单的绿化营建多样空间;"低冲击"则更多地强调绿地建设应尽量保持原地块风貌,以免影响地块后续的正常开发;"空间多样化"则指在低成本、低冲击的基础上,尽量多的营建观赏绿地、活动绿地、硬质场地等多样的空间类型。

(2) 城市广场。

　　"城市广场是城市中最具公共性、最富艺术感染力,也最能反映现代都市文明魅力的开放空间"。规划提出"袖珍广场"的新增广场策略,并根据样点广场现状,提出了样点广场规划设计的建议。

　　新增广场策略——受限于城市用地,"袖珍广场"的规划建设日益得到人们的重视。"袖珍广场"是在中心城地区的存量空间中挖掘和创造公共空间,为以更加务实和灵活的方式改善城市空间质量提供了一种新的视角。

　　结合莘庄样点用地情况,规划拟根据道路叠加使用频度(见表 7 - 15),有选择地在道路交叉口处设置交通型"袖珍广场"作为样点新增广场的主要形式。

表 7 - 15　"袖珍广场"设置依据

类别	高频使用路段	中频使用路段	低频使用路段
高频使用路段	＋＋＋	－	－
中频使用路段	＋＋＋	＋＋	－
低频使用路段	＋＋＋	＋＋	＋

注:"＋＋＋":必须设置;"＋＋":不强制,但建议设置;"＋":根据实际情况选择设置。

　　莘庄样点广场规划建议——突出广场的设计主题与地方特色,通过对广场规模尺度和空间形式的合理处理,创造丰富的广场空间意象,突出广场既定的设计主题和样点的人文和历史特色;科学处理广场与城市交通和建筑界面的关系,广场布局与交通组织应首先处理好其与周边城市道路的关系,以确保游人安全为前提。同时,作为广场重要的界面,针对不同的尺度,应采取不同的建筑界面围合方式(见表 7 - 16);以人为本,依据居民需求进行具体设计,广场空间应以铺装硬地为主,提供居民活动的开敞空间,同时也应保证一定比例(25%～35%)的绿化用地,丰富景观和色彩层次,合理布置坐凳、垃圾桶、电话亭等服务设施;根据周边实际,有选择地布置厕所、小售货亭等服务设施。同时,应做到广场的无障碍设计。

表 7 – 16　广场与建筑界面的关系处理

尺度	示意图	处理对策
大规模广场		在合理处理广场交通的前提下,应保证广场具有 1—2 边由构、建筑物进行围合,以确定广场的界限,同时便于相关商业休闲活动的开展
"袖珍广场"		对于小尺度的广场空间,宜由直接面向广场的建筑界面直接围合产生,并通过设计、沟通广场与周边建筑界面的沟通与联系

（3）休闲街道。

作为最为常见的公共开放空间类型,街道在串联各类空间的同时,其自身也是居民开展各类活动的重要空间载体。"多样性的城市生活需要一个具有多样性选择的步行环境"。基于此,规划将莘庄样点内的休闲街道分为商业休闲型、生态生活型以及特色步行街区 3 类,并分类提出设计策略(见表 7 – 17),旨在建设安全、可靠、连续、舒适等步行空间,构建空间形式统一、具有魅力的区域休闲街道网络。

表 7 – 17　不同类型街道规划策略与建议

类型	位置示意图	设计策略与建议
商业休闲型		(1)步行空间宽度:不小于 4m (2)沿步行空间商业界面通透化设计,提升街道活力,活跃街道气氛 (3)增强业态管理,完善建筑与街道协调性 (4)提升路面铺装质感、形式与色彩

（续表）

类型	位置示意图	设计策略与建议
生态生活型		（1）步行空间宽度：不小于3m （2）设施带状沿边绿化，优化居住小区边界游憩视线 （3）合理养护行道树，保证一定的林荫覆盖 （4）采用形式多样的绿化种植方式，营造富于变化和趣味的空间感受
特色步行街区		（1）步行空间宽度：10m （2）提升路面铺装质感、形式与色彩 （3）优化绿地植物搭配，丰富竖向绿化空间 （4）沿步行空间商业界面通透化设计，提升街道活力，活跃街道气氛

　　其中，商业休闲型街道：为样点重点控制街道界面，主要沿都市路、莘朱路、名都路轴线布置，周边建筑界面以商业界面为主。生态生活型街道：为样点主要控制街道界面，主要环样点各个居住小区设置，主要服务居住小区周边居民。特色步行街区：依托区域原有商业一条街，优化改造形成样点特色休闲街区。

7.5　上海市域生态开敞空间总体规划结构与布局

7.5.1　总体布局：“四区，九组团”

　　根据市域生态开敞空间资源布局，着重参考现状郊野公园、森林公园、农业休闲观光园组团、生态湖泊、生态走廊等资源的分布，规划形成市域“四区、九组团”的大型公共开放空间总体布局，如图7-18所示。

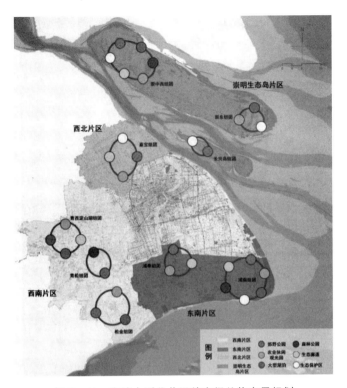

图 7 - 18　市域大型公共开放空间总体布局规划

　　其中,"四区"为上海郊区具有较多生态开敞空间资源、形成一定郊野休闲空间规模的片区,包括:西北片区,主要由城市中心城区(外环内部)以外的宝山区和嘉定区组成;西南片区,由青浦区、松江区及金山区组成;东南片区,由奉贤区、大治河以南的浦东新区及黄浦江东侧部分闵行区组成;崇明生态岛片区,有崇明三岛组成。"九组团"包括浦南组团、浦奉组团、松金组团、青松组团、青西淀山湖组团、嘉宝组团、崇中西组团、崇东组团以及长兴岛组团,各组团具体情况如表 7 - 18 所示。

表 7 - 18　上海市域大型公共开放空间 9 个功能组团概况

组团名称	区位	资源禀赋	所属片区
浦南组团	上海城市东南角,浦东新区南部	现状森林公园、大型湖泊、休闲农业南汇组团、大治河生态廊道及规划的远期郊野公园等	东南片区
浦奉组团	奉贤区北部、闵行区东南,黄浦江与大治河交汇处定南	休闲农业奉贤组团、浦江郊野公园及大治河生态廊道及规划的远期郊野公园等	
松金组团	上海城市西南,松江区南部	休闲农业松江/金山组团、黄浦江生态廊道、金山湖等	西南片区
青松组团	松江区中部、南部	佘山森林公园、松南郊野公园等	
青西淀山湖组团	青浦区中部、西部,黄浦江上游区域	休闲农业青浦组团、青西郊野公园、淀山湖、黄浦江生态廊道等	
嘉宝组团	上海城市东北	休闲农业嘉宝组团、嘉北郊野公园、嘉宝生态走廊等	西北片区
崇中西组团	崇明岛中、西部	休闲农业崇中西组团、东平国家森林公园、崇明生态走廊、北湖、明珠湖等湖泊、西沙湿地公园等	崇明生态岛片区
崇东片区	崇明岛东部	休闲农业崇东组团、东滩鸟类国家级自然保护区、崇明生态走廊、东滩湖等	
长兴岛组团	长兴岛	长兴岛郊野公园、青草沙一级水源保护区等	

7.5.2　分区规划重点

1) 西北片区——近郊生态休闲片区

依托良好的区位优势,基于各区县的优势资源和区域农业休闲观光园、郊野公园、森林公园等现状生态开敞空间,打造上海都市近郊生态休闲片区。

2) 西南片区——山水郊野游憩片区

以佘山国家森林公园和淀山湖区域为特色生态空间节点,重点打造

"上—中—下"三处生态休闲空间组团,形成城市山水呼应的郊野游憩片区。

3)东南片区——滨海休闲旅游片区

以滴水湖、滨海森林公园、南汇休闲农业组团等为主要基点,打造远郊浦南生态开敞空间组团;以浦江郊野公园、奉贤休闲农业组团为基础,打造近郊浦奉生态开敞空间组团。同时,由大治河生态廊道有机串联二者,打造近远郊结合的滨海休闲旅游片区。

4)崇明生态岛

利用世界最大河口冲积岛生态资源,以崇东休闲农业组团(陈家镇)、东平国家森林公园、明珠湖等区域为发展重点,打造区域生态休闲度假旅游、高品质观光旅游、农业旅游、体育旅游、文化旅游等远郊休闲。

7.5.3　市域生态开敞空间分类型引导

根据上海生态开敞空间现状,就线性生态空间、郊野公园、都市自然地、农业休闲观光园等不同生态开敞空间的特点提出相应的规划引导指标与策略。

1)线性生态空间规划引导

(1)根据已有规划,不断完善城市蓝道和生态廊道建设。

《上海市基本生态网络结构规划》和《上海景观水系规划》已经对上海城市生态廊道和蓝道做了详细而有针对性的规划安排,在城市线性生态空间的规划与建设中,需按照相关规划,不断完善城市生态蓝道和生态廊道的建设。

(2)着重打造上海绿道体系,构建完善的城市线性生态空间。

由于上海尚未开展大规模的绿道规划与建设,绿道成为上海线性生态空间建设中的一个短板。为构建区域完善的线性生态空间体系,应从以下几个方面着手,建设上海绿道:

①从功能和等级角度出发,构建上海绿道体系。

参考国外相关案例及珠三角绿道网络规划,建议在上海设立生态型、郊野型、都市型三个级别的绿道,三种绿道的区位、功能机控制引导如表 7 - 19 所示。

表 7 - 19　上海绿道发展功能与建设指引

分类	生态型绿道	郊野型绿道	都市型绿道
区位	城市建成区外围	城市建成区边缘、郊区	城市建成区
主要功能	科普教育活动:生态考察、观鸟等	农业体验活动:夏令营、桑基鱼塘观光、采摘、赏荷和五彩花田体验等	餐饮购物活动:主题酒吧、美食节、购物节和啤酒节等
	生态养生活动:露营、消暑、文化考古、日落观景等	体育赛事活动:高尔夫、自行车赛、龙舟赛、水上摩托赛、皮划艇赛等	文化展示活动:书法大赛、摄影大赛、创意大赛、街头展示、行为艺术、会展旅游等
	户外运动:拓展、漂流、垂钓、登山、划船、骑马等	节庆民俗活动:主题摄影、荔枝节、水乡节和茶艺节等	休闲观光活动:滨海观光、都市夜游等
	野外探险活动:森林探险、野外生存体验、海岸线穿越、定向越野等	乡野美食活动:农家乐、美食探寻和野餐等	康体健身活动:舞蹈、太极拳、健身等
控制要求	(1)建议绿廊控制范围宽度不低于 200m;步行道宽度不低于1.2m;自行车道宽度不低于1.5m;综合慢行道宽度不低于2m (2)实施严格的生态保护策略,加强对原生环境的恢复、维护和保育,除最基本的绿道配套设施外,禁止其他开发建设行为,允许存在的设施的建筑密度应低于2%,容积率低于0.04,建筑层数不得超过2层	(1)绿廊控制范围宽度建议不低于100m;步行道宽度不低于1.5m;自行车道宽度不低于1.5m;综合慢行道宽度不低于3m (2)允许在限定条件下进行与其功能不相冲突的低强度开发建设,允许存在的设施的建筑密度以低于5%为宜,最高不得超过10%,容积率应低于0.20,建筑层数最高不超过3层	(1)绿廊控制范围宽度建议不低于20m;步行道宽度不低于2m;自行车道宽度不低于3m;综合慢行道宽度不低于6m (2)主要以人工绿化、配套设施、交通换乘点为主,允许已有设施的建设依据城市绿地的要求进行管治

②调研城市绿道现状,积极开展绿道规划与建设。

在充分了解城市绿道现状的基础上,采取针对性的策略,开展城市绿道建设。在对缺乏绿道的区域,应加紧规划进程,积极布局绿道网络;对已具备绿道功能的线性空间,应完善其配套设施,优化、提升绿道功能。

绿道配套设施包括慢行道、标志系统、自行车停车场及服务中心。其中,慢行道包括步行道、自行车道、无障碍道、综合慢行道等,应根据绿道等级的不同设置不同的引导指标(详见表 7-20);标识系统以标识牌为主,一般应设置在使用者行进方向道路右侧或分隔带上,牌面下缘至地面高度宜为 1.8～2.5 m。同一地点需设两种以上标志时,可合并安装在一根标志柱上,但最多不应超过四种,标志内容不应矛盾、重复。区域绿道同类标识牌设置间距不应大于 500 m。自行车停车场每隔 6～10 km 设置一处。各个服务中心布局应结合主要发展节点和沿线城镇布局,平均每 20 km 左右设置一个区域级服务区。

表 7-20　各类慢行道的参考宽度标准

慢行道类型	参考标准
步行道	生态型绿道:1.2 m;郊野型绿道:1.5 m;都市型绿道:2 m
自行车道	生态型绿道:1.5 m;郊野型绿道:1.5 m;都市型绿道:3 m
无障碍道	生态型绿道:1.5 m;郊野型绿道:2 m;都市型绿道:3 m
综合慢行道	生态型绿道:2 m;郊野型绿道:3 m;都市型绿道:6 m

2) 郊野公园规划引导

针对上海市郊野公园的规划建设,本书在对郊野公园现状和居民郊野休闲活动需求分析的基础上提出以下策略建议:

(1) 生态优先、保护为主。

公园建设应严格保护好既有的历史文化遗产,尽量减少对原有街巷、村庄的拆建,严格保护山坡林地、河湖水系、湿地等自然生态敏感区域,维持地域自然风貌、山水格局及人文肌理;严格保护耕地和基本农田、林地、湿地,坚持"野"为魂、"林"为体的设计理念;在科学预测郊野公园旅游资源环境容量的基础上进行服务设施的配置,妥善解决旅游开发与资源保护之间的矛盾。

(2) 以人为本、服务大众。

公园的规划设计要立足实际,努力挖掘本地民俗文化,但不刻意追求特色和主题、减少人工雕饰,适当限制游憩活动项目,严格控制建设强度,确保环境不受建设的影响;公共服务配套设施应在可建设用地范围内合理配置,突出以人为本,以满足城乡居民生产生活以及户外活动的需求。

(3) 政府引导、社会参与。

强化政府在规划、建设、监管、投入等方面的主导作用,充分调动和发挥社会力量参与公园的建设和管理,注重条块结合和部门协作,形成政府主导、社会参与的良好局面。

(4) 有力保护、管理有序。

郊野公园建成后,要及早明确相应的管理机构,制订完善配套的管理制度,以便及时开展绿化养护、设施维护和卫生保洁等工作。鼓励创新管理机制,既要有利于政府的统一管理,也要有利于生产经营者积极性的发挥,更要有利于全社会的监督。

3) 都市自然地规划引导

都市自然地是一类具有特殊资源价值的生态空间,对其的规划应首先以保护为主。由此,对于都市自然地的利用应基于对综合评价的结果,采取对应的手段与策略。

(1) 都市自然地综合评价。

从生态环境价值、生态游憩价值、社会文化价值、科学研究价值四个方面着手,选取相关指标与评价因子,进而如表 7 - 21 所示的综合评价指标体系,对城市现状都市自然地进行评价。

表 7 - 21　都市自然地综合评价指标体系

综合评价层	评价项目	评价因子
生态环境价值	多样性	物种多样性、生境类型及结构多样性
	稀有性	物种濒危程度、生境稀有性
	自然性	自然度
	面积适宜性	面积适宜度
	稳定性	种群稳定性、生态系统稳定性、生态关注度
生态游憩价值	游憩功能	景观游憩吸引度、交通可达性、景观环境容量
	景观要素	景观多样性、景观稀有性
社会文化价值	美学价值	美景度
	历史价值	背景丰富度、历史年龄
科学研究价值	科学价值	科学模式地、物种典型性、生境典型性

（2）基于综合评价的结果，采取有针对性的规划手段。

对于评价较好，具有较高价值的都市自然地（如东滩湿地、大小金山海洋生态保护区等）或具有特殊功能的生态用地（如一级水源保护区），需立足保护，严格限制相关开发，必要时还应限制游人的进入；对于评价结果一般的自然地（如景观效果一般的生态片林等），可进行适当的优化提升并适当开发，亦可结合其他类型城市生态开敞空间的建设，改造成为郊野公园、森林公园等大型生态开放公园。

4）农业休闲观光园规划引导

基于对上海农业休闲观光园游憩资源的综合评价，选择适合的开发模式，采取有针对性的指标导引与控制。

（1）农业休闲观光园游憩资源的综合评价。

农业休闲观光园的农业旅游资源评价是为了正确认识园区的开发价值，合理定位开发模式（特色种养型、农业胜景型、科技示范型），进而对规划做出正确指导。上海农业休闲观光园的游憩资源包括以下内容（见表 7 - 22）。

表 7 - 22　农业休闲观光园旅游资源分类标准

大类	小类	备注
自然景观资源	自然天地景观资源	天文景观、气候资源、大地景观、水景观等
	自然生物景观资源	原生态的动物、植被及群落、珍奇生物等
农业生产及景观资源	种植资源	粮食种植、蔬菜种植、林业的品种、数量、种植面积与分布等
	养殖资源	水产养殖、家禽家畜养殖的品种、数量、养殖面积与分布等
	农业设施资源	农业设施类型、规模等
人文景观资源	园林绿化	景观植物的品种、数量、分布景观植物群落
	建筑及构筑物	民居宗祠、旅游服务及娱乐建筑、设施及构筑物
	风俗民情与物产	节庆、民俗、宗教、传说、手工艺、物产

在对农业休闲观光园区进行综合开发评价时,除了评价农业旅游资源外,还应该综合考虑园区的区位、环境、管理等层次的因素,进而形成以下综合评价指标体系(见表 7 - 23)。

表 7 - 23　农业休闲观光园旅游资源综合评价指标体系

综合评价层	评价项目	评价因子
农业旅游资源	自然景观资源	面积与比例、欣赏价值、游憩价值
	农业生产及景观资源	面积与比例、欣赏价值、科学价值、保健价值、多样性、可参与性、抗冲击性
	人文景观资源	面积与比例、历史人文价值、欣赏价值、游憩价值
区位条件	交通区位	与市中心/区中心的距离、交通便捷性与可靠性
	旅游区位	周边大型景区距离、所处旅游组团特征　客源市场分布及消费水平
经营管理	产业结构	农业旅游业比重
	管理机构	机构设置、投资及管理水平、
	旅游服务	旅游接待水平、旅游服务设施等级、旅游服务人口

（续表）

综合评价层	评价项目	评价因子
区域环境	生态环境	生态环境特征、生态环境质量、生态安全度
	设施环境	水电能源、工程管网、环保设施
	社会环境	社会安全性、医疗设施便捷性

（2）不同类型农业休闲观光园规划引导。

①功能分区引导。

农业休闲观光园的职能包括了农业生产职能与休闲游览职能，其功能分区可以按照农业生产区、观光娱乐区、科技示范区、旅游服务（管理）区进行划分。

对于三种农业休闲观光园而言，各个分区的占地比例会与其模式特征相呼应（见表 7 - 24）。

表 7 - 24　农业休闲观光园主要功能区比例

功能区比例 园区模式	农业生产区	科技示范区	观光娱乐区	旅游服务管理区
特色种养殖型	70%～80%	3%～5%	10%～15%	5%～10%
农业胜景型	50%～60%	0%～3%	30%～40%	5%～10%
科技示范型	50%～60%	25%～30%	10%～15%	5%～10%

②土地利用及游人容量控制。

土地利用控制是建设管理最重要的方式之一，而游人容量则是在土地管理的基础上，对单位面积上允许的特定活动类型的游客数量进行控制，即指在农业生产、社会发展及生态环境的可持续发展前提下，农业休闲观光园内在某一时间段内，其生态环境、人工环境和社会经济环境所能承受的旅游活动在规模与强度上的极限值的最小值。农业休闲观光园区的土地开发及游人容量控制可以参考表 7 - 25 进行控制与引导。

表 7 - 25　规定性指标控制

规定性指标		农业休闲观光园类型			指标控制方式
		特色种养殖型	农业胜景型	科技示范型	
用地比例	农业生产用地	60%～70%	50%～60%	50%～60%	△
	休闲观光用地*	10%～20%	20%～30%	20%～30%	△
	交通设施用地	3%～5%	3%～5%	3%～5%	▲
	绿化用地	>3%	>3%	>5%	▲
	公建配套及旅游服务设施用地	3%～5%	3%～5%	3%～5%	▲
一次性游客容量		<15 人/公顷	<20 人/公顷	<20 人/公顷	▲

注:①农业休闲观光园中"休闲观光用地"是游客观光、休闲、采摘、科普等旅游集中区域,鉴于农业旅游特征,该部分用地同时具有农业生产功能;②▲为刚性控制指标,必须严格按照规划提出的指标值控制;△为弹性控制指标,可根据实际情况、农业类型进行适当调整。

7.6　上海城市公共开放空间规划管理政策保障机制

城市公共开放空间虽然本质上是一种公共物品,需要政府的大力推动和实践,但同时也离不开广大房地产开发商与业主的基于公共与个体间双赢原则的公益奉献。未来,上海城市公共开放空间建设的实施主体将包括各级政府以及在适宜鼓励政策引导下的开发商和业主。基于此,为保证城市公共开放空间的规划建设落地可通过以下几条途径来实现:

(1) 将城市公共开放空间的定义和控制办法纳入《上海市控制性详细规划技术准则》中,并依据上海城市建设与治理特点制定符合当地特色的城市公共开放空间规划建设指导原则;同时,将市域生态开放空间(森林公园、郊野公园等)的保护与规划纳入其中,确保此类公共开放空间的建设与使用能够长效进行。

(2) 作为法定图则的编制内容,对于城市公共开放空间规划建设,按照人均公共开放空间面积指标要求,落实独立占地公共开放空间的用地,并以步行可达覆盖率的指标校核布点。在建设条件有限的情况下,可以配置非独立占地公共开放空间,以图例(类似公共设施)的形式表达。

(3)依据《上海市城市规划管理技术规定(土地使用建筑管理)》,针对非独立占地公共开放空间(政府机构、事业单位(学校、医院等)等的附属绿地),在土地出让过程中,将非独立占地公共开放空间的建设责任明确加到《建设用地规划许可证》中,并依据出让地块面积确定最小公共开放空间的面积比例,作为地块出让的前置条件,同时加强出让地块后期建设和运营阶段的监督工作,避免出现规划与建设或后期运营不符的情况,对符合规定的给予相应的政策奖励。

(4)对于城市建成区内部的部分附属绿地,在条件允许的情况下可考虑"二次透绿",对城市公众开放,增加居民休闲活动的场所,以此弥补城市公共开放空间在数量和分布上的不足。另外,对于建成区的部分存量街头绿地,在条件允许的情况下可考虑"二次开发",适当增加硬质广场等适合居民活动的场地,弥补建成区内公共开放空间在数量和分布上的不足。

第8章 结论与展望

8.1 结论

随着城市的快速发展,市民对于满足休闲游憩活动的公共开放空间提出了更高的要求,这也是建设宜居宜业城市的重要组成部分。公共开放空间体系的研究对象广泛,涵盖了市域内各类可以供市民休闲活动的空间,既包括建成区范围内的公园绿地、广场、街道及各类附属公共空间,也包括市域范围内的各类可供市民亲近的生态开敞空间。本课题组针对该议题从上海城市居民具体的休闲活动需求出发,在参考相关学者理论研究的基础上,通过调查问卷和实际走访的形式,分析总结了上海居民室外休闲活动现状的主要特征和需求,并参照发达国家居民室外休闲活动,提出上海未来10~20年居民室外休闲活动的发展趋势;另外,为摸清上海市域公共开放空间的现状布局和存在的问题,本课题组在对城市公共开放空间概念体系进行界定的基础上,依据区位、建成年代、经济条件、人口等因素,在有限的时间内通过选取城市建成区范围内的八个代表性样地,实地调研分析其公共开放空间的类型和结构,并同时在各样地范围内观察不同类型公共开放空间的居民使用情况,针对市域范围内的生态开敞空间,本课题组亦在以往研究的基础上进行了总结归纳,并对其下一阶段的规划建设提出了一定的建议;面向市民室外休闲活动的具体需求,在满足人性化需求的前提下,本课题组在市区、社区等不同层面尝试性地提出了上海市未来城市公共开放空间规划建设的发展目标和导向,并制定了相关的实施机制及政策保障措施。本课题组针对上海城市公共开放空间体系和休闲活动网络研究的主要结论如下：

8.1.1　上海城市公共开放空间体系和休闲活动网络构建

1）城市公共开放空间体系

本研究在对相关概念进行梳理的基础上，界定了公共开放空间的内涵，即城市或城市群中，在建筑实体之外存在的、可供居民方便使用的开敞空间实体，是城市居民进行休闲、游憩、交流等交往活动的重要场所。同时，将国外城市建设案例与上海市公共开放空间的实际调研相结合，确定上海市公共开放空间为城市建成区公共开放空间和市域开敞空间两大系统：

城市建成区公共开放空间系统主要分为公园绿地、城市广场、休闲街道3大类型，其中包含市区级公园、社区级公园、小型活动绿地、开放性附属绿地、附属广场、交通广场、游憩集会广场、商业休闲型街道、生态休闲型街道、文化休闲型街道、复合休闲型街道共计11个小类。

市域生态开敞空间系统分为线形生态空间、郊野生态公园、都市自然地、农业休闲观光园4个大类，包含绿道、蓝道、生态廊道、郊野公园、森林公园、生态保护区、自然生态林、特色种养型休闲观光园、农业胜景型休闲观光园、科技示范型休闲观光园共10小类。

2）休闲活动网络

公共开放空间休闲活动是指城市居民（常住居民，包括户籍人口和常住人口）为主体的使用者，在常规时间，合理利用各类公共开放空间开展的休闲活动的总称。公共开放空间休闲活动网络则指休闲时间、休闲活动类型、休闲场所（空间）等与公共开放空间休闲活动相关的要素之间相互联系构成的系统。

由于休闲时间的限制，工作日居民开展休闲活动的空间多集中于居住地周边的公园、广场、街道等社区公共开放空间，少部分居民由于居住或工作在城市大型公共开放空间周边，会利用到此类型；到了周末，居民拥有1～2天的时间，休闲空间范围扩大，主要利用的空间以社区/城市大型公共开放空间为主，而市域生态开敞空间亦受关注；节假日时，居民享有长时间的休假，休闲时间进一步增长，休闲空间范围亦扩大，域外旅游亦成为部分居民的休闲选择。

8.1.2　上海城市居民公共开放空间休闲活动和需求特征分析

1）上海城市居民公共开放空间休闲活动和需求的总体特征

（1）休闲活动的时空关系特征。

工作日居民开展休闲活动的空间多集中于居住地周边的公园、广场、街道等社区公共开放空间；到了周末，居民拥有 1~2 天的时间，休闲空间范围扩大，主要利用的空间以社区/城市大型公共开放空间为主，而市域生态开敞空间亦受关注；在节假日时，居民享有长时间的休假，休闲时间进一步增长，休闲空间范围亦扩大，域外旅游亦成为部分居民的休闲选择。

（2）休闲活动和休闲场所的需求特征。

市域范围内，居民对公园、广场和街道三大类型休闲场所的需求比例分别约为 41%、34% 和 25%，对休闲活动的需求仍以散步、慢跑等传统大众化的体育锻炼为主，其次是逛街购物、户外餐饮等休闲商业，辅以游览、游乐等生活娱乐活动；市郊范围内，人们对郊野观光的热情高居第一，郊野公园、农业生态园、森林公园等郊区观光场所大受欢迎，是人们闲暇之余的休闲好去处。

2）上海城市居民公共开放空间休闲活动的发展趋势

（1）对休闲生活的满足感从物质层面向精神层面转化。

城市居民开始高度关注自我享受感受，积极追求自我精神满足的价值取向，休闲活动参加者自身的素质及个性偏好，是休闲方式选择和决策过程中较为重要的考虑因素。

（2）休闲方式的理性成分得到强化。

居民选择休闲活动不易受外界因素的干扰，其参与休闲活动的认知程度和独立意识都有了较大幅度的提高，已经少有前些年休闲活动初步发展阶段盲目和盲从的活动特征，个性化和多元化趋势开始凸显。

（3）休闲意识与经济发展共同促进休闲时间的增长。

居民对休闲的认识正不断进步加深，将带来居民休闲时间的延长。同时，城市经济发展，居民收入提高，用于休闲的投入增加，使得休闲活动的选择更加丰富，促进了居民对休闲的参与，也拉动了休闲时间的增长。

（4）休闲活动的多样化推动新型休闲方式的出现。

随着社会经济的提升和城市休闲化的进一步发展,居民的休闲需求也表现出一定的层次性和活动方式的多元性。居民越来越发散的休闲需求有利于推动更多其他形式休闲类型的产生,促进城市从传统的休闲娱乐逐步过渡到新型休闲生活的转变。

8.1.3 上海建成区公共开放空间特征分析

基于对上海建成区典型样点的公共开放空间调研,对其特征作如下总结:

1) 公共开放空间类型方面

各样点在大类上基本上都涵盖了休闲绿地、城市广场、休闲街道三个类型,但又各具特色。人民广场样点地处城市中心区域,休闲绿地占公共开放空间的主导类型,广场以大型游憩集会广场为主,但休闲街道分布零散,不成体系;瑞金样点地处上海市历史文化风貌保护区,公共开放空间以休闲街道网络和公园为主;徐家汇样点公共开放空间以公园和商业附属广场为主,休闲街道分布零散;曹家渡样点作为老城区,无大型的公园和广场空间,从而形成了以休闲街道空间为主的公共开放空间;莘庄样点位于近郊城区,公园、广场、休闲街道三类公共开放空间分布较为均衡,围绕各个居住小区的休闲街道配置使其休闲街道网络初步形成;方松样点位于中远郊地区,公共开放空间类型上以大体量公园为主,休闲街道与广场为辅。老城厢样点作为历史老城区,北侧拥有较多的商业广场、休闲绿地和街道;南侧则相对缺乏适应现代化城市需求的公共开放空间,多为狭长老旧的生活型街道;潍坊社区样点位于浦东新区,南北各有一处核心公共开放空间,北面以商业广场为主,南面以绿地为主,休闲街道呈网状分布。

2) 公共开放空间数量方面

总量上配给不均,不同区域的公共开放空间比例差距较大,总量配给极其不均衡:人民广场样点公共开放空间面积比达到 35.85%,曹家渡样点只有 6.89%,二者相差近五倍;同为中心城区外的新城住宅类型,而莘庄和方松样点在公共开放空间比例上也呈现出明显的差距,方松样点高达 27.02%,而莘庄样点仅有 9.26%。

3) 公共开放空间分布方面

主要问题体现为线状街道分布不成体系、面状空间布局不合理。前者具体表现为线状街道分布零散、连接度差、不成体系,如徐家汇样点共 16 条休闲街道,仅有 4 条是彼此相连呼应,其他 12 条均相对独立。同时呈现出城市中心区较之城郊结合区和新区更为严重的趋势。后者表现为核心面状空间布局不合理,导致其服务半径的有效性和便利性明显降低。

4) 空间结构模式方面

各样点公共开放空间模式大体上可分为多核型(以人民广场样点为代表)、双核型(以瑞金、徐家汇、潍坊社区样点为代表)、单核型(以莘庄样点为代表)、无核型(以曹家渡样点为代表)、轴向型(以方松样点为代表)和两极型(以老城厢样点为代表)六大类型。

5) 公共开放空间利用方面

表现为空间利用强度不均衡。八个样点的公共开放空间比例与空间使用强度并没有呈现正相关性,公共开放空间比例远大于曹家渡样点的方松、瑞金、徐家汇样点,在使用强度上却明显小于它。而且,由于其他类型空间或同类型的缺失与不足而导致的某类空间超强度利用问题也同样存在:如曹家渡样点,由于大型公园、广场样点的缺失,而导致街道空间的利用强度过大;莘庄样点由于莘城中央公园位于区域核心节点地带,而同类的大型综合性公园只此一处,导致公园利用强度提升;而夜间由于公园关门,及照明条件较好等因素,同样处于核心区域的恒盛南广场利用强度急剧上升,高峰期广场空间人数可达千人以上。

8.1.4　上海市域生态开敞空间特征分析

基于对现状的总结与分析,上海生态开敞空间主要具有以下特征:

1) 空间类型方面

上海市域生态开敞空间主要分为线性生态空间(包括绿道、蓝道及生态廊道)、郊野公园、都市自然地及农业休闲观光园四类。

2) 空间总量方面

上海城市人多地少,可直接利用开展休闲活动的生态开敞空间,如郊野公园、湿地公园等在总量上明显不足,难以满足居民日益增长的郊野休闲需求。

3) 空间布局方面

就生态开敞空间分布的空间区位而言,多数类别的市域生态开敞空间主要分布于主城区之外,且多分布于城市远郊区域,如大部分郊野公园、都市自然地和部分农业休闲观光园等;近郊区域的生态开敞空间则以森林公园、休闲农业观光园及部分郊野公园为主;城市蓝道则贯穿城区和郊区。

就生态开敞空间分布的聚集程度而言,主要形成了五大片区,包括以休闲蓝道为主的中心城片区、以生态廊道、郊野公园和农业休闲观光园为主的西北片区、以生态廊道、森林公园、郊野公园和生态保护区为主的东南片区、各类生态开敞空间相对密集分布的西南片区以及崇明生态岛片区。其中,中心城片区以城市休闲蓝道串联沿线公园绿地,打造城市滨水空间,服务主城区居民与游客;西北片区(宝山、嘉定)、东南片区(浦东、奉贤),以生态廊道连接中心城区,立足现状森林公园、农业休闲组团和建设中的郊野公园,服务城市北部、西北部居民和东部、南部居民;西南片区(青浦、松江、金山)与崇明生态岛片区各类生态空间具有分布,生态空间资源较之其他片区更为丰富,是城市未来发展生态休闲的重点片区。同时上海的市域生态开敞空间在空间分布上还表现出强烈的沿水分布的特性。黄浦江、油墩港、金汇港、大治河等两侧均分布有大量生态开敞空间。

4)生态开敞空间休闲需求方面

调研数据显示,超过3/4的居民每月都会前往离居住地较远的市域生态开敞空间开展相关休闲活动。居民理想的生态开敞空间休闲场所中,森林公园(42.0%)最受欢迎,其次是河流湖泊(39.9%)和郊野公园(35.3%)。同时,就休闲活动偏好而言,54.9%的居民希望能欣赏到优美的风景,33.3%的居民偏好烧烤、野餐类的自助餐饮活动,30.1%的居民则更倾向于利用田野、森林等自然空间的游玩活动;亦有27.1%和26.7%的居民表达了对水上娱乐活动和蔬果采摘等农事体验活动的需求意向。而骑行远足(25.6%)和自驾兜风(13.9%)等时尚活动亦得到了一定比重居民的喜爱与支持,丰富了生态开敞空间休闲行为的类型。

8.1.5 上海城市公共开放空间发展策略及引导

本研究通过实地调研和问卷调查分析的方法研究分析了上海市部分地区公共开放空间的现状和居民休闲活动需求相匹配的问题,以构建面向居民休闲活动需求的公共开放空间供给机制为目标,在兼顾公平、高效、便捷等原则的基础上,分别就城市建成区、市域生态空间和政策支持体系提出了较具体的提升措施和优化建议,以期对上海未来城市公共开放空间建设和品质提升有一定的指导价值:

1) 城市建成区公共开放空间发展策略及引导

(1) 空间增加行动——针对数量不足、分布不均问题。

本课题参照上海市人均居住面积 $17.3m^2$,人均道路交通面积不小于 $12m^2$,人均公共绿地面积 $13m^2$,初步划定人均公共开放空间面积为 $15m^2$,以此为参照增加各地区的公共开放空间数量,新增加的公共开放空间可与其他城市要素如道路、滨水等相结合进行建设,另外,可考虑增加非独立占地公共开放空间,这是目前提高步行可达范围覆盖率的最佳手段,同时也能提高人均公共空间面积指标。在现状公共开放空间未覆盖、法定图则也没有规划公共开放空间的区域,可考虑设置非独立占地公共开放空间。

(2) 空间改善行动——针对设计不合理、不适应当地需求的问题。

在对当地居民具体休闲活动需求展开问卷调查的基础上,针对城区条件差别实行公共开放空间的差异化供给,根据老年人、儿童、工作人群等所占比例和具体需求的不同,展开公共开放空间的再设计和改善,以期更符合当地的特色和具体需求,如 18 岁以下的青少年最热衷于"逛街购物""市区游览"和"聊天"(三项活动占有同等比重);18 岁以上 35 岁以下的青年更倾向于"郊野观光";而 36 岁以上的居民都一致选择了"散步"等。

(3) 空间活化行动——针对空间使用效率不高、缺乏地方特色问题。

城市公共开放空间是促进城市居民形成市民意识和提高社区凝聚力的主要场所,其作为"思维开放"的空间,应在丰富广大市民休闲和文化生活等方面做出应有的贡献。基于此,可展开公共开放空间的空间活化行动,将公共开放空间与其他公共设施用地混合布局,采用多样化的空间类型、安排丰富的活动类型促进城市公共开放空间的品质提升,提升其人气的同时促进城市居民的户外交流活动。

2) 市域生态开敞空间发展策略与引导

(1) 总体布局。

依托现状生态开敞空间资源分布及规划建设实际,规划形成"四区、九组团"的总体结构。"四区"包括：西北片区、西南片区、东南片区、崇明生态岛片区；"九组团"由浦南组团、浦奉组团、松金组团、青松组团、青西淀山湖组团、嘉宝组团、崇中西组团、崇东组团以及长兴岛组团构成。

（2）分类引导。

根据上海生态开敞空间现状，就线性生态空间、郊野公园、都市自然地、农业休闲观光园不同的特点提出相应的规划引导指标与策略。

线性生态空间按照原有规划完善蓝道和生态廊道的同时，着重建设城市绿道。从功能和等级角度出发，建设不同等级的绿道，构建上海绿道体系；基于城市绿道现状，完善绿道布局与功能。

郊野公园规划建设强调：生态优先、保护为主；以人为本、服务大众；政府引导、社会参与；有力保护、管理有序。

都市自然地在综合评价的基础上，对不同条件的自然地采取不同的保护、开发策略。

农业休闲观光园规划建设先基于对农业游憩资源的评价，选择适合的开发模式；然后从功能分区、土地利用和游人容量控制的角度提出规划控制指标。

3）公共开放空间建设管理的政策支持体系

（1）将城市公共开放空间的定义和控制办法纳入《上海市控制性详细规划技术准则》中，并依据各地区特点制定符合当地特色的城市公共开放空间规划建设导则。

（2）作为法定图则的编制内容，对于城市公共开放空间规划建设，按照人均公共开放空间面积指标要求，落实独立占地公共开放空间的用地，并以步行可达覆盖率的指标校核布点。在建设条件有限的情况下，可以配置非独立占地公共开放空间，以图例（类似公共设施）的形式表达。

（3）针对非独立占地公共开放空间，在土地出让过程中，将非独立占地公共开放空间的建设责任明确加入《建设用地规划许可证》中，并依据出让地块面积确定最小公共开放空间的面积比例，作为地块出让的前置条件，同时给予相应的政策奖励。

（4）对于城市建成区内部的部分附属绿地，在条件允许的情况下可考虑

"二次透绿",对城市公众开放,增加居民休闲活动的场所,以此弥补城市公共开放空间在数量和分布上的不足。

（5）存量公共开放空间的优化机制,对于建成区的部分街头绿地,在条件允许的情况下可考虑"二次开发",适当增加硬质广场等适合居民活动的场地,弥补建成区内公共开放空间在数量和分布上的不足。

8.2　展望

此次针对上海城市公共开放空间体系和休闲活动网络的研究,本课题组在界定城市公共开放空间和休闲活动概念体系的基础上,通过问卷调查和样点实地调研相结合的方式初步了解了上海市建成区公共开放空间和市域生态开敞空间的现状结构特征,并统计分析了上海城市居民在公共开放空间从事休闲活动的总体特征和需求特征,最后以城市居民的休闲活动需求为导向,提出了城市公共开放空间规划建设与管理的部分策略与建议。

但城市公共开放空间的规划与建设是一个长期的动态的过程,需要依据各地区实际条件进行规划建设,因此在未来的一段时间内,针对城市公共开放空间体系和休闲活动网络的构建有必要继续开展较为深入的研究,具体研究内容方向如下:

（1）针对各地区的具体差异（经济、人口等）,实行公共开放空间的差异化供给,分别确定公共开放空间的最小需求规模和符合当地具体需求的公共开放空间类型组成等。

（2）考虑到城市公共开放空间具有等级性、层次性等特征,可以参照发达城市具体案例,结合上海地域发展特点,同时考虑城市居民休闲活动和需求特征,提出符合上海城市发展建设实际的不同等级和层次的公共开放空间建设规模和标准。

（3）对于市域范围内的生态开敞空间,是城市居民周末、节假日外出休闲旅游的主要去处,也是保障城市生态用地的主要场所,其发展建设应集保护与开发于一体,在城市总体的联系上、整体规模上、具体用地比例配置上都应做出详细的研究和引导。

附　　录

附录 1　城市居民公共开放空间休闲方式调查问卷

尊敬的女士/先生：

您好！

我们是上海交通大学的研究人员，为了了解上海城市居民公共开放空间休闲方式及其休闲行为特征，我们在上海开展了这项调查。本调查采取无记名方式，调查结果仅作研究之用，我们会对问卷中与您个人相关的情况保密。

感谢您百忙之中抽空填写这份问卷，希望您能提供宝贵的资料，以作为学术研究之参考依据，在此表达我们诚挚的谢意！

第一部分：基本情况

1）您的性别：①男　②女

2）您的年龄：①＜18 岁　②18～25 岁　③26～35 岁　④36～45 岁

　　⑤46～60 岁　⑥＞60 岁

3）您的文化程度：

　　①初中及以下　②高中及中专　③本科及大专　④研究生及以上

4）您的个人月收入：

　　①2 000 元以下　②2 000～5 000 元　③5 000～8 000 元　④8 000 元以上

5）您的职业：

①工人　②农民　③军人　④企事业单位人员　⑤公务员
⑥文体从业人员　⑦学生　⑧教育、卫生、科研从业人员　⑨自由职业/
个体劳动者　⑩退休/无业　⑪其他职业

6) 您是否上海本地人:①本地人　②外来人口

如是外来人口,您在上海居住的时间:①<6个月 ②6个月—1年 ③1—2年 ④>2年

第二部分:休闲方式调查

7) 您开展休闲活动的原因主要是(可多选):

①锻炼身体　②结交朋友　③陪伴家人　④娱乐兴趣　⑤接触自然
⑥释放压力　⑦打发时间　⑧自我提高　⑨其他:＿＿＿＿＿＿＿

8) 您平时进行休闲活动一般与谁在一起(可多选):

①家人　　②朋友　　③同事　　④单独　　⑤其他:＿＿＿＿＿＿＿

9) 您倾向于在哪个时段进行休闲活动:

①清晨　②上午　③中午　④下午　⑤傍晚　⑥晚上

10) 您经常前往何种休闲场所(可多选):

①公园、绿地　②各类广场(休闲/商业广场等)　③休闲街道(步行街、
商业街等)　④社区活动中心　　⑤其他:＿＿＿＿＿＿＿＿＿＿

11) 您的平均休闲时间为多少:

工作日(每天):①<1小时　②2~3小时　　③3~5小时　　④>5小时
双休日、节假日(每天):①<4小时　　②4~8小时　　③8~12小时
④>12小时

12) 您喜欢参与哪些户外休闲活动(可多选):

体育健身类:①慢跑　②跳操瑜伽　③球类　④体育器材活动　⑤武术
太极　⑥舞蹈　⑦放风筝　⑧抖空竹　⑨踢毽子　⑩自行
车运动　⑪轮滑滑板

生活怡情类:⑫带小孩　⑬宠物遛弯或动物喂食　⑭书法绘画　⑮拍照
摄影　⑯垂钓　⑰棋牌活动　⑱弹琴唱歌　⑲读书看报

娱乐消遣类:⑳散步　㉑逛街购物　㉒聊天　㉓户外休闲餐饮　㉔户外
商业活动　㉕户外游乐活动

观光游览类：㉖市区游览　㉗郊野观光

社会活动类：㉘无偿献血　㉙志愿者活动　㉚宗教集会　㉛相亲交流　㉜其他

第三部分：休闲方式影响因素调查

13）下面列出了可能影响您休闲活动的 17 项因素，请根据各因素对您选择休闲活动时的影响程度，在相应的方框内打"√"：

客观影响因素		选择休闲方式时,您对因素的关注程度				
大类	因素	几乎不关注	较少关注	一般	比较关注	非常关注
休闲方式因素	活动的好玩与否					
	活动后身心愉悦感					
	休闲活动的健身效果					
	休闲活动是否时尚					
	活动能否增长知识、见闻					
	休闲活动是否容易参与					
设施场所因素	休闲设施的质量					
	场所距离住处的远近					
	场所环境的质量好坏					
	休闲场所管理水平					
主观影响因素		选择休闲方式时,因素对您做出选择的影响程度				
大类	因素	几乎无影响	影响较小	影响中等	影响较大	影响非常大
个人因素	个人身体健康状况					
	个人心情好坏					
	个人兴趣爱好					
	个人收入水平高低					
	个人闲暇时间多少					
其他因素	周围人参与活动的多少					
	家人朋友的支持					

问卷到此结束！

再次感谢您的支持与合作！

附录2　公共开放空间类型调研记录表

休闲街道类型调查表

调研区域：　　　调研日期：　　　天气：　　　温度：　　　参与人员：

编号	位置	类型	关联道路	主要设施	林荫（%）	照片编号	长宽（m）	备注

城市广场类型调查表

调研区域：　　　调研日期：　　　天气：　　　温度：　　　参与人员：

编号	位置	类型	形状	权属	照片编号	规模（m²）	主要设施	备注

城市公园类型调查表

调研区域：　　　调研日期：　　　天气：　　　温度：　　　参与人员：

编号	位置	类型	形状	照片编号	规模（m²）	主要设施	备注

附表 3　公共开放空间行为观察记录表

上海城市公共开放空间居民使用情况观察记录表

日期：	调查地点：		照片编号：	所属空间类型：
7:00—9:00	男女数量	年龄层次分布	活动类型	活动特点	停留地点
10:00—12:00	男女数量	年龄层次分布	活动类型	活动特点	停留地点
13:00—15:00	男女数量	年龄层次分布	活动类型	活动特点	停留地点
16:00—18:00	男女数量	年龄层次分布	活动类型	活动特点	停留地点
19:00—21:00	男女数量	年龄层次分布	活动类型	活动特点	停留地点

参 考 文 献

[1] Paul L. Knox，Linda M. McCarthy．Urbanization：An Introduction to Urban Geography(3rd Edition)[M]．London ：Prentice Hall，2011：1－2．

[2] Robert E. Park，Ernest W. Burgess，Rodericke D. Mckenzie．城市社会学——芝加哥学派城市研究文集[M]．宋俊岭，吴建华，王登斌，译．北京：华夏出版社，1987：5．

[3] 孙施文．城市规划哲学[M]．北京：中国建筑工业出版社，1997：35．

[4] 付国良．城市公共开放空间设计探讨[J]．规划师，2004，20(5)：46－50．

[5] 唐若莹，林驰，何同浚，等．我国高密度城市中心商务区公共开放空间的发展现状、存在的问题及发展方向[J]．现代园艺，2012(11)：10－11．

[6] 顾冬晨．新时代上海城市化发展过程中的若干问题探讨[J]．上海城市规划，2003(4)：11－13．

[7] 楼嘉军．休闲新论[M]．上海：立信会计出版社，2010：116－147．

[8] 恩格斯．反杜林论[M]．北京：人民出版社，1970：79．

[9] 蒋莉莉．城市空间紧凑布局模式分析[D]．南京：南京航空航天大学，2007．

[10] 李莎莎．现代大城市社会生活公共开放空间设计要素初探[D]．西安：西安建筑科技大学，2010．

[11] 宛京春．城市中间形态解析[M]．北京：科学出版社，2004：3．

[12] 吴志强，李德华．城市规划原理(第四版)[M]．北京：中国建筑工业出版社，2010：563－564．

[13] 毛蔚瀛．城市公共开放空间的规划控制研究[D]．上海：同济大学，2003．

[14] 王发曾．论我国城市开放空间系统的优化[J]．人文地理，2005，82(2)：1－8．

[15] 陈家明．城市公共开放空间中生态意义的铺地环境设计研究[D]．西安：西安建筑科技大学，2007．

[16] 周进．城市公共空间建设的规划控制与引导——塑造高品质城市公共空间的研究[M]．北京：中国建筑工业出版社，2005：63，108．

[17] 杨晓春,司马晓,洪涛.城市公共开放空间系统规划方法初探——以深圳为例[J].规划师,2008,24(6):24-27.

[18] 卢一沙.总体规划阶段城市公共开放空间系统规划探究——以南宁市为例[D].苏州:苏州科技学院,2008.

[19] 宋立新,周春山,欧阳理.城市边缘区公共开放空间的价值、困境及对策研究[J].现代城市研究,2012(3):24-30.

[20] 苏倩.深圳近30年城市公共开放空间中景观建筑的发展研究[D].无锡:江南大学,2013.

[21] 陆宁,王源青,陆路,等.城市公共开放空间品质的故障树分析模型[J].西安建筑科技大学学报(自然科学版),2008,40(4):509-514.

[22] Gittings T,O'Halloran J,Kelly T,et al. The contribution of open spaces to the maintenance of hoverfly (Diptera,Syrphidae) biodiversity in Irish plantation forests[J]. Forest Ecology and Management,2006,237(1-3):290-300.

[23] Hess G R,King T J. Planning open spaces for wildlife:I. Selecting focal species using a Delphi survey approach[J]. Landscape and Urban Planning,2002,58(1):25-40.

[24] Lam K C,Ungng S L,Hui W C,et al. Environmental quality of urban parks and open spaces in Hong Kong[J]. Environmental Monitoring and Assessment,2005,111:55-73.

[25] Lee S W,Ellis C D,Kweon B S,et al. Relationship between landscape structure and neighborhood satisfaction in urbanized areas[J]. Landscape and Urban Planning,2008,85(1):60-70.

[26] Taha H,Konopacki S,Akbari H. Impacts of lowered urban air temperatures on precursor emission and ozone air quality[J]. Journal of the Air&Waste Management association,1998,48(9):860-865.

[27] Sklenika P,Lhota T. Landscape heterogeneity:a quantitative criterion for landscape reconstruction[J]. Landscape and Urban Planning,2002,58(2):147-156.

[28] Wu J J,Plantinga A J. The influence of public open space on urban spatial structure[J].Journal of Environmental Economics and Management,2003,46(2):288-309.

[29] Backlund E A,Stewart W P,McDonld C.Public evaluation of open space in

Illinois: Citizen support for natural area acquisition [J]. Environmental Management,2004,34(5): 634 – 641.

[30] Bowman T, Thompson J, Colletti J. Valuation of open space and conservation features in residential subdivisions[J]. Journal of Environmental Management, 2009, 90(1): 321 – 330.

[31] Bowman T, Thompson J. Barriers to implementation of low-impact and conservation subdivision design: Developer perceptions and resident demand[J]. Landscape and Urban Planning, 2009, 92(2): 96 – 105.

[32] Broussard S R, Washington-Ottombre C, Miller B K. Attitudes toward policies to protect open space: A comparative study of government planning officials and the general public[J]. Landscape and Urban Planning, 2008,86(1): 14 – 24.

[33] Brander Luke M,Koetse Mark J.The value of urban open space: Meta-analyses of contingent valuation and hedonic pricing results [J].Journal of Environmental Management,2011,92(5):2763 – 2773.

[34] Klaiber H A, Phaneuf D J. Valuing open space in a residential sorting model of the Twin Cities[J]. Journal of Environmental Economics and Management, 2010, 60 (2): 57 – 77.

[35] Poudyal N C, Hodges D G, Merrett C D. A hedonic analysis of the demand for and benefits of urban recreation parks[J]. Land Use Policy, 2009,26(4): 975 – 983.

[36] Atkins J P, Burdon D, Allen J H. An application of contingent valuation and decision tree analysis to water quality improvements[J]. Marine Pollution Bulletin, 2007, 55(10 – 12): 591 – 602.

[37] Adams C, Motta R S, Ortiz R A, et al. The use of contingent valuation for evaluating protected areas in the developing world: Economic valuation of Morro do Diabo State Park, Atlantic Rainforest, São Paulo State (Brazil)[J].Ecological Economics, 2008, 66(2 – 3): 359 – 370.

[38] Jim C Y, Chen W Y. Recreation-amenity use and contingent valuation of urban green spaces in Guangzhou, China[J]. Landscape and Urban Planning, 2006, 75(1 – 2): 81 – 96.

[39] Mahan B L, Polasky S, Adams R M. Valuing urban wetlands: a property price approach[J]. Land Econ, 2000, 76(1): 100 – 113.

[40] Frenkel A. The potential effect of national growth: management policy on urban sprawl and the depletion of open spaces and farmland[J]. Land Use Policy, 2004, 21(4): 357 - 369.

[41] Turner T. Greenways, blueways, skyways and other ways to a better London[J]. Landscape and Urban Planning, 1995(33): 269 - 282.

[42] Tajima K. New estimates of the demand for urban green space: implications for valuing the environmental benefits of Boston's Big dig project[J]. Journal of Urban Affairs, 2003, 25(5): 641 - 655.

[43] Lutzenhiser M, Netusil N R. The effect of open spaces on a home's sale price[J]. Contemporary Economics Policy, 2001, 19(3): 291 - 298.

[44] Bengston D N, Youn Y C. Urban containment policies and the protection of natural areas: the case of Seoul's greenbelt[J]. Ecology and Society, 2006, 11(1): 3.

[45] Bruegmann R. Urban sprawl[J]. International Encyclopedia of the Social and Behavioral Sciences, 2011: 16087 - 16092.

[46] Crawforda D, Timperioa A, Giles-Cortib B et al. Do features of public open spaces vary according to neighborhood socio-economic status? [J]. Health&Place, 2008, 14: 889 - 893.

[47] Koomen E, Dekkers J, Dijk T. Open-space preservation in the Netherlands: Planning, practice and prospects[J]. Land Use Policy, 2008, 25: 361 - 377.

[48] Tang B, Wong S. A longitudinal study of open space zoning and development in Hong Kong[J]. Landscape and Urban Planning, 2008, 87(4): 258 - 268.

[49] Amir S, Rechtman O. The development of forest policy in Israel in the 20th century: implications for the future[J]. Forest Policy and Economics, 2006, 8(1): 35 - 51.

[50] Haaren C, Reich M. The German way to greenways and habitat networks[J]. Landscape and Urban Planning, 2006, 76(1 - 4): 7 - 22.

[51] Bengston D N, Fletcher J O, Nelson K C. Public policies for managing urban growth and protecting open space: policy instruments and lessons learned in the United States[J]. Landscape and Urban Planning, 2004, 69(2 - 3): 271 - 286.

[52] Neema M N, Ohgai A. Multi-objective location modeling of urban parks and open spaces: Continuous optimization [J]. Computers, Environment and Urban Systems, 2010, 34(5): 359 - 376.

[53] Francis M. Urban open space: designing for user needs[M]. Washton, Cocelo, London: Island Press, 2003: 2-38.

[54] Owens P E. Adolescence and the cultural landscape: Public policy, design decisions, and popular press reporting[J]. Landscape and Urban Planning.1997, 39: 153-166.

[55] Turel H S, Yigit E M, Altug I. Evaluation of elderly people's requirements in public open spaces: A case study in Bornova District (Izmir, Turkey)[J].Building and Environment, 2007, 42: 2035-2045.

[56] Germeraad P W. Islamic traditions and contemporary open space design in Arab-Muslim settlements in the Middle East[J]. Landscape and Urban Planning, 1993, 23(2): 97-106.

[57] Thompson J W, Sorvig K. Sustainable landscape construction: A guide to green building outdoors[M]. Island Press, Washington, DC, 2000: 112-119.

[58] Bomansa K, Steenberghenb T, Dewaelheynsa V, et al. Underrated transformations in the open space: The case of an urbanized and multifunctional area [J]. Landscape Urban Plan, 2009, 94(3-4): 196-205.

[59] Herlod M, Goldstein N C, Clarke K C. The spatiotemporal form of urban growth: measurement, analysis and modeling[J]. Remote sensing of Environment, 2002, 86: 286-302.

[60] Taylor J J, Brown D G, Larsen L. Preserving natural features: A GIS-based evaluation of a local open-space ordinance[J]. Landscape and Urban Planning, 2007, 82(1-2): 1-16.

[61] 韩西丽,俞孔坚.伦敦城市开放空间规划中的绿色通道网络思想[J].新建筑,2004 (5):7-9.

[62] 刘家琳,李雄.东伦敦绿网引导下的开放空间的保护与再生[J].风景园林,2013(3): 90-96.

[63] 李咏华,王竹.绿色轨迹——北美都市区开放空间保护评述与启示[J].经济地理, 2010,30(12):2073-2079.

[64] 任晋锋.美国城市公园与开放空间的发展[J].国外城市规划,2003,18(3):43-46.

[65] 姚朋.纽约滨水工业地带更新中的开放空间实践与启示——以哈德逊河公园为例 [J].中国园林,2014(2):95-99.

[66] 王洪涛.德国城市开放空间规划的规划思想和规划程序[J].国外规划研究,2003,27

(1):64-71.

[67] 董楠楠.联邦德国城市复兴中的开放空间临时使用策略[J].国际城市规划,2011,26
(5):105-108.

[68] 何韶瑶.大学校园:整体化开放空间景观环境构建——以加拿大里贾纳大学校园规
划为例[J].中外建筑,2004(2):84-87.

[69] 王佐.荷兰开放空间系统性规划思想及启示[J].2008,24(11):90-93.

[70] 王灵姝.城市开放空间设计策略再研究——北京市部分开放空间现状及设计对策的
调查研究[D].北京:北方工业大学,2008.

[71] 王盼盼.太原市城市开放空间人性化解析[D].太原:太原理工大学,2013.

[72] 王绍增,李敏.城市开敞空间规划的生态机理研究(上)[J].中国园林,2001(4):5-9.

[73] 王绍增,李敏.城市开敞空间规划的生态机理研究(下)[J].中国园林,2001(5):32
-36.

[74] 徐振,韩凌云,杜顺宝.南京明城墙周边开放空间形态研究(1930—2008年)[J].城市
规划学刊,2011,194(2):105-113.

[75] 王发曾,王胜男,李猛.洛阳市区绿色开放空间系统的动态演变与功能优化[J].地理
研究,2012,31(7):1209-1223.

[76] 邵大伟.城市开放空间格局的演变、机制及优化研究:以南京主城区为例[D].南京:
南京师范大学,2011.

[77] 曾容.武汉市绿色开放空间格局的演变研究[D].武汉:华中农业大学,2008.

[78] 陆路,李萍.城市公共开放空间品质的模糊综合评价[J].长安大学学报(社会科学
版),2013,15(1):42-46.

[79] 王祖纬.城市开放空间使用后评价方法研究[D].太原:太原理工大学,2008.

[80] 王璇.基于使用状况评价(POE)方法的大学校园开放空间研究——以东北师范大学
校园为例[D].长春:东北师范大学,2011.

[81] 孙剑冰.苏州古典园林作为街区开放空间的价值评估——应用CVM价值评估法
[J].城市发展研究,2009,16(8):64-68.

[82] 周佩佩.基于HPM方法的武汉市公共开放空间价值评估[D].武汉:华中科技大
学,2013.

[83] 熊岭.基于CVM的武汉市公共开放空间非使用价值评估研究——以汉口江滩公园
为例[D].武汉:华中科技大学,2013.

[84] 刘坤.我国乡村公共开放空间研究——以苏南地区为例[D].北京:清华大学,2012.

[85] 高碧兰.城市滨水区公共开放空间规划设计浅析[D].北京:北京林业大学,2010.

[86] 初蕾蕾.大型零售商业建筑公共开放空间研究[D].南京:南京林业大学,2009.

[87] 杨涛.城市更新中的历史地段开放空间设计研究[D].西安:西安建筑科技大学,2006.

[88] 康健,杨威.城市公共开放空间中的声景[J].世界建筑,2002(6):76－79.

[89] 王新军,秦佳,史洪,等.城市公共开放空间光环境研究[J].建筑电气,2013,32(5):31－35.

[90] 张帆,邱冰.国内开放空间研究进展分析——以1996—2012年CNKI"篇名"含"开放(敞)空间"的文献为分析对象[J].现代城市研究,2014(3):114－120.

[91] CJJT85—2002,城市绿地分类标准[S].北京:中国建筑工业出版社,2002.

[92] CJJ48—92,公园设计规范[S].北京:建设部标准定额研究所,1992.

[93] GB50137—2011,城市用地分类与规划建设用地标准[S].北京:中国建筑工业出版社,2011.

[94] 杨硕冰.上海社区公园居民游憩需求分析及优化提升对策研究——以上海复兴公园、莘城中央公园、松江中央公园为例[D].上海:上海交通大学,2014.

[95] 陈上珠,陆传荣.应用数理统计[M].杭州:杭州大学出版社,1998:121－123.

[96] 杨金秀,胡旺联.统计学原理[M].长沙:中南大学出版社,2007:258－265.

[97] 岳培宇.长江流域城市居民休闲方式及影响因素研究——以上海、武汉、成都为例[D].上海:华东师范大学,2006.

[98] 王雅林,徐利亚,刘耳."双休制"对城市在业者休闲生活质量的影响[J].哈尔滨工业大学学报(社会科学版),2002,4(2):61－67.

[99] 苏富高.杭州居民休闲生活质量影响因素研究[D].杭州:浙江大学,2007.

[100] 马培娟,左琦.城市公共开放空间规划指标和体系探索[EB/OL].http://www.docin.com/p-204241594.html,2014.12.23.

[101] 董楠楠.联邦德国城市复兴中的开放空间临时使用策略[J].国际城市规划,2011,26(5):105－108.

[102] 陈贵勇.论城市广场规划与建设[J].城市建设理论研究(电子版),2011(14):1－7.

[103] 刘宛,吴唯佳,郭磊贤.小广场大战略——上海袖珍广场设计思考[J].上海城市规划,2013(6):49－56.

[104] 谭源.城市中心区的街道设计策略[J].城市问题,2006,133(5):7－10.

索　引